製造業のための 目標原価達成に必要なコスト見積もり術

間舘正義 著
Masayoshi Madate

どんぶり勘定にさようなら！
例を見ながら原価の本質を理解
早く正確な見積もりのノウハウを学ぶ

日刊工業新聞社

はじめに

　製品の開発・設計では、「目標原価」が当たり前に設定されています。そして、その「目標原価」が達成できないと、開発を中止にする会社もあります。

　「なぜ予算（目標原価）をオーバーしているのか分からない」、「原価の明細が分からない」、「原価の明細は分かったが、それが適正なのか分からない」、「コストダウンのポイントが分からない」などの理由で製品の開発を先へと進めることができず、無限ループ状態に陥っている会社もあります。

　製品の開発・設計の業務は、顧客ニーズという「かたちのない状態」を「かたちある製品」に作り上げていくことです。このとき、設計者は、製品に要求される品質や性能と目標原価の双方を満たさなければなりません。

　しかし、設計者は、図面を作成したあとになって、「予算（目標原価）が達成できていない」ということがあります。この場合、設計者は、開発・設計の見直しを行って、目標原価を満たすことを検討するのですが、「なぜ、予算をオーバーしたのか分からない」、「何に重点を置いて検討すべきか？」、「コストの内訳が分からない」などと困惑しています。

　そして、目標原価を満たすために設計者は、上司や同僚の協力を得て、VE（コストダウン）提案を作成し、有力なコストダウン提案から検討を進めます。また、VE（コストダウン）提案には、その効果の程度を判断しにくいため、追加のテスト作業をすることもあります。このような製品開発の進め方では、効率が悪く、見直しによる費用の増加や開発期間の延長につながってしまいます。

　開発・設計業務では、設計の見直しが発生することのないように、ステップごとにコストレビューの行い、スムースに進めるべきです。設計者は、設計の見直しが発生しないように確認しているはずが、そうはならないのです。

　図面が作成された段階で、コストレビューの時の金額と大きく異なってからでは遅いのです。そして、設計者は、その原因を追究するよりも、目標原価を達成することを優先します。この結果、開発・設計プロジェクトごとに設計の見直しが繰り返されてしまうのです。

　本書は、設計者がコストレビューで用いる原価についての課題を述べ、見積もりについての理解を進めるとともに、コストレビューで活用すべき見積もり方法を紹介し、スムースな目標原価の達成をする方策を解説するものです。

2020 年 4 月　著者

目　　次

はじめに

第5章　コスト見積もりシステムの作り方、生かし方 ……………… 105

第 0 章

とある「どんぶり勘定」
見積もり会社の日常

とある「どんぶり勘定」見積もり会社の日常
―儲かる仕事のはずだったのに……―

A社は、生産設備や省力化機器の部品加工および組立を中心とする社員40数名の受託メーカーです。また、一部では、客先に社員を派遣して、生産設備の企画から設計・生産・据付、メンテナンスまで行っています。

A社では、今回顧客を紹介され、生産設備の中核ユニットの加工・組立の引合いを受けました。

A社は、顧客から組立図と主要な部品図を渡され、現在の購入金額は200万円であり、コストダウンしたいとの旨を伝えられました。注文ロット数は、20台です。

単純に考えると、200万円の20台ですから4,000万円の売上げとなり、魅力的な引合いです。

A社の社長さんは、主要な図面を見ながら、おおよその材料費を求めます。そして、売価から材料費を差し引いた加工費を確認します。加工費は、部品の加工と組立に要する費用・利益からなります。

そして、これまでの経験から、「これなら180万円で作れる」と顧客に見積もり回答を出しました（**図表0-1-1**）。

この回答を受けて、顧客の資材部長さんは、コストダウンできると早速注文を出します。20台の発注で、分割納入をすることになりました。

A社では、早速原材料を調達し、生産を進め、立会い試験を行い、最初のロットを納品できました。

A社としては、結構な受注金額になり、喜んでいました。ところが、はじめての製作でもあり、利益が出なかったのです。また、次回以降、現行の製品をそのまま製作しても、利益（儲け）を確保できるかというと厳しい状況でした。

このように最初の見積もりが「どんぶり勘定」ですと、利益を得られないことになります。さらに、利益が出ないだけでなく、持ち出し（赤字）も考えられ、会社を存続していくことができなくなる可能性が出てきます。

見積もりは、顧客との取引の起点となり、利益を獲得するためのものです。そして、見積もりが、「どんぶり勘定（大雑把）」では、製品を作ってからでないと利益を得られるかがわからず、会社の存続に影響することになるのです。

今回の受注では、顧客の設計のまずさがありました。無駄な加工や部品点数の多さ、組立の難しさなどです。

　このためA社では、部品点数を減らし、加工しやすい形状に変更して無駄な加工を除き、組立しやすくするなどの設計の見直しを図り、顧客に提案をしました。つまり、設計した図面の変更（設計変更）です。顧客からは、これらの設計変更の承認を得ることができました。

　この結果A社では、当初儲からない製品を、十分に採算が取れる（儲かる）製品へと変えることができました（**図表0-1-2**）。

　このように、「製品の設計は、原価を大きく変動させる」のです。つまり、設計業務の重要性を示しているわけです。

　本書では、この設計業務における目標原価のつかみ方としての見積もりについて、その考え方や事例などを紹介していきます。

■図表 0-1-1　どんぶり勘定では儲からない■

180万円×20台＝3,600万円
おいしい仕事があるぞ！！

社長さん

儲かっていなかった!!
対策だ！

引合い

受注

結果

■図表 0-1-2　コストダウン活動は設計段階で進める■

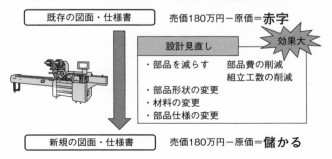

既存の図面・仕様書　　　　売価180万円－原価＝**赤字**

設計見直し　　　　　　　　効果大

・部品を減らす　　部品費の削減
　　　　　　　　　組立工数の削減
・部品形状の変更
・材料の変更
・部品仕様の変更

新規の図面・仕様書　　　　売価180万円－原価＝**儲かる**

第1章
なぜ目標原価を設定するのか

目標原価に悩む設計者

—どれくらいコストがかかるかわからない—

「どんぶり勘定」で紹介したように、受注段階での見積もりは非常に重要です。そこに利益が含まれていなければ、会社は儲かりません。儲からなければ、会社の存続も危うくなっていくのです。

このため、最初の見積もり金額が重要になります。そして、その見積もり金額以下で作れる製品にするため、設計業務が注目されることになるわけです。

つまり、設計業務では、利益を含んだ製品売価になるように目標原価が設定され、その達成が求められることが当たり前になってきたのです。

製造企業は、製品を作って売ることによって、利益を獲得しています。製品の利益が得られなければ、会社を存続していけなくなるからこそ、製品の採算性が重要になってくるわけです。

製品の採算性は、売価、原価、利益の関係で決まります。そして従来は、製品を作った後、発生した原価に利益を加えて販売すれば、しっかりと利益を確保できました。つまり、自社の都合で売価を決めることができました。

しかし現在は、自社の都合ではなく、顧客のニーズや他社との競争などの市場動向を把握し、売れる製品売価で生産・販売していくことが必要なのです（**図表1-1-1**）。

製品売価は、顧客の購入希望の価格もふまえて自社の利益を考慮し、許容できる原価（許容原価）を設けることになります。そして、設計段階では、この許容原価が、達成すべき原価（目標原価）へと変換され、業務を遂行することになります。

これまで設計者には、新製品を作るための創造性が要求され、自由なアイデア力に重点が置かれてきました。それに対して、目標原価を達成するためのコスト力という制約条件が生まれてきたのです（**図表1-1-2**）。この2つの要求によって、設計者は悩むことになったのです。

それは、設計者が、自由な発想と目標原価の達成という、相反する2つのテーマを同時に達成しなければならないということです。

■図表 1-1-1　売価決定の変化■

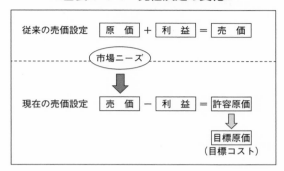

■図表 1-1-2　設計者に求められる能力■

設計者は二兎を追うことが求められる

1-2 目標原価を達成できないとどうなるの？

―自分で自分の首を絞める製造企業―

　設計者は、**図表1-2-1**のように、市場調査などをもとに作成された製品企画書の目標原価から全体構想とそのモジュール構成（基本設計）、それらモジュールの構造を検討し（詳細設計）、部品の作図へと進み、図面・仕様書を作り上げていきます。

　そして、この図面・仕様書をもとに原価を算出します。これが見積もりです。その算出結果によって、目標原価が達成されているかを確認することになります。

　それでは、もし目標原価を達成できていない場合、設計者はどのように対応するのでしょうか（**図表1-2-2**）。

　まず、考えられることは、そのまま製品化を進めることです。この場合、売れる製品であったとしても、得られる利益は期待できるものではないでしょう。つまり、儲からない製品が出来上がることになります。これが続いてしまうと、利益の出ない体質の会社となり、将来を望めないことになります。

　このため、設計者は、図面・仕様書を見直して目標原価を達成しようとするわけです。しかし、この設計見直しは、開発費用の増加と開発期間の延長を生じ、やはり利益を減らすことになります。また、何としても目標原価を達成するあまり、設計業務の無限ループに陥っている会社もあるようです。

　そして最後は、製品開発を中止することです。厳しい目標原価の設定に挑戦することで製品開発を進められることがあります。しかし、達成が困難であると判断したならば、製品の開発を止めることもあります。そしてこの判断は、経営幹部が行うことになります。

　ただ、設計業務の遂行時や見直しのときに、製品の構造や部品、寸法精度などが、コストにどのような影響を与えているのかを知らなければ、目標原価を達成できるかの判断は困難でしょう。

　設計者には、アイデア力とともにコスト力に関するしっかりとした知識を持つことが必要になるのです。

■図表 1-2-1　製品開発と目標原価■

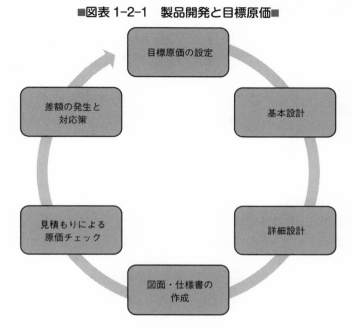

■図表 1-2-2　出図時に目標原価を達成できなかったら■

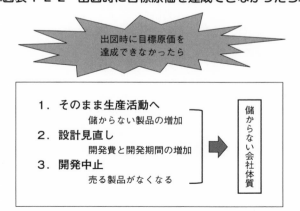

1-3 利益の源は製品にある
―現状打破を求める製品原価の設定―

　最初に戻って、利益について考えてみましょう。

　利益を獲得する、あるいは増やすためには、**図表1-3-1**の売上高－費用＝利益の式に示されるように①売上高を増やす、または②費用を減らすということになります。

　しかし、売上高を増やそうとすれば、材料費のように増える費用もありますし、広告宣伝費のように減らすと売上高を減らしてしまう費用もあります。このように売上高と費用は、相互に関係があるのです。つまり、売上高が増えたからといって利益が増えるとは判断できないことになります。

　このため、売上高のもとになる製品に着目をして、製品の採算性を高めることが注目されたのです。これは、製品の売価と原価の関係をしっかりと抑えることによって、利益を獲得していくことです。つまり、原価を把握する（採算性を高める）ことが重要になります。

　それでは、設計者は、原価を把握するために何を行っているでしょうか。多くの場合、開発する製品に対して、過去の類似する製品実績原価のデータを確認して、その原価を参考にしているのではないでしょうか。

　しかし、近年の製品市場での価格競争では、従来よりもさらに安価にという要求が出てきています。この結果、新製品に設定される目標原価は、従来よりも安くなってきているわけです。とくに製品の差別化の難しい業界では、毎年のように顧客からの値引き要求があり、目標原価の設定金額が引き下げられています（**図表1-3-2**）。

　つまり、従来の類似した製品をもとにした製品では、目標原価の達成が厳しいということです。顧客の要求を満たし、新しい製品の構造や部品、寸法精度などとコストの関係を理解し、より安価な製品づくりの検討を行っていくことが必要になるのです。

　このような考え方をもって、製品設計に取り組むことが必要になっています。

■図表 1-3-1　利益を増やす方法■

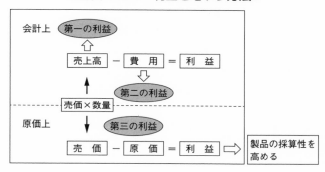

■図表 1-3-2　求められる目標原価とは■

同じ仕様でも原価を安く

なぜ、製品原価について設計段階が注目されるのか

―原価の大半を決めている設計段階―

　原価の重要性は理解できたと思いますが、目標原価ということでなぜ設計段階に重点が置かれるのでしょうか。

　従来は、製品を販売してから、価格競争などの要求によってコストを引き下げてきました。これは、製品を作ってから原価を引き下げることが中心で、生産主体に考えてきたからです。

　しかし、顧客ニーズの多様化や製品ライフサイクルの短縮化によって、生産してからのコストダウンでは、その前に製品の生産終了や生産数量の減少など、コストダウンのための投資の採算が取れないことが起きてきました。また、コストダウンのために部品の形状や寸法などを変更しようとすれば、設計者の承認を得ることが求められます。

　それならば、製品を作ってからコストを引き下げるのではなく、設計段階で製品を作る前にしっかりと原価を抑えようというわけです。そのために目標原価が用いられています（**図表 1-4-1**）。

　しかし、「設計者が、製品コストについて把握しなさい」というには、ものづくりに関する十分な知識を保有していることが求められます。

　このため、設計者だけに依存するのではなく、購買、製造、生産技術などの各部門が一体となって協力し、目標原価の達成を進めようということになりました。これが、**図表 1-4-2** に示すコンカレントエンジニアリングです。

　ところが、このコンカレントエンジニアリングは、効果を発揮していないのが現状です。なぜならば、自部門の業務に精通していても、コストに関して詳しいわけではないからです。

　たとえば、調達先と価格交渉業務を行っている購買担当者（バイヤー）です。バイヤーは、原価に詳しいように思えますが、実際には知識不足のため、設計へのアドバイスができないのです。

　コンカレントエンジニアリングの体制には、携わる社員たちの原価に関する高い知識が必要であるということです。

■図表 1-4-1　設計段階で原価の 80 ％が決まる■

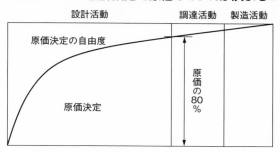

■図表 1-4-2　コンカレントエンジニアリング■

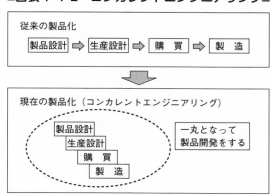

1-5 コスト見積もりの重要性とそのマインドがあるか

―設計者には原価を決めている意識が必要―

　設計者と製品原価について、その関連をもう少し考えてみます。

　そのためには、製品原価の構成を理解することから始めなければなりません。

　製品原価の構成には、**図表 1-5-1** のように材料費と加工費、組立費などがあり、一般に加工費と組立費を分けて考えるのではなく、一つにまとめて加工費と呼んでいるのではないでしょうか。

　材料費は、**図表 1-5-2** のように材料の単価と使用量からなります。

　材料単価は、素材形態や材質、グレードなどの選定で決まり、それを決めているのは設計者です。また、材料使用量は、図面上に設定された部品の形状や寸法、長さ、厚さなどによって決まります。これも設計者が、図面化することによって決まるわけです。

　加工費は、所要時間（加工時間）に加工費レートを乗じて求めます。所要時間は、図面に要求される形状や品質を満たすための作り方（工程とその順序）によって、おおよそ決まってきます。また、加工費レートも、作り方（工順）によって決まります。

　つまり、図面の形状が大きく影響し、その形状を決めているのは設計者であるということです。

　組立費は、部品点数が多くなれば、それだけ組立時間もかかるため、費用も増えます。この部品点数は、製品の構造と構成を設定している設計者によって決められます。

　このように設計段階で製品原価の大半が決まっていくわけです。だからこそ、設計者は、目標原価を達成するために見積もりの知識を持つことが重要になってくるのです。

　そして、設計者は、見積もりの知識を活用することによって、目標原価の達成を進めることができるのです。

■図表 1-5-1　見積もり（コスト算出）の計算式■

品目の売価	=	材料費	+	加工費	+	運　賃

材料単価 材料使用量	加工費レート 所要(加工)時間	品目の大きさ 距　離

■図表 1-5-2　見積もり（コスト算出）を構成する■
　　　　　要因

製品のコスト		
材料費	加工費	運　賃
材料単価 ・購入量 ・購入時期	加工費レート ・設備費率 ・労務費率 ・その他	輸送費 積込み費 関税　など
材料使用量 ・計算方法 ・歩留まり率	所要（加工）時間 ・段取り時間 ・作業時間 ・その他	

利益計画のスタートは原価企画から始まる

―目標原価の目的は利益の獲得にある―

　それでは、目標原価の設定とその達成のための手順について、**図表 1-6-1** を見ながら考えてみましょう。

　製造企業にとって製品は、利益の源です。製品を開発⇒生産⇒販売していくことで利益を確保します。そして、利益計画は、それらの製品売価と原価の関係を検討することになるわけです。これが、原価企画になります。

　つまり、会社としては、「いくら儲けたい」⇒そのためには「いくらで作るか」の関係です。

　製品の開発方法として、製造企業では、特定の顧客から依頼を受けて製品開発、生産・販売をする受注生産タイプと、不特定多数の顧客を対象に自社製品を提供する見込み生産タイプがあります。いずれのタイプでも、顧客は予算（希望価格）を持っているものです。メーカーは、この予算を達成し、なおかつ自社の利益が得られる取引を目指します。

　そして、受注生産タイプであれば顧客へ見積書を提出し、見込み生産タイプであれば社内承認を得て、製品開発に着手することになります。

　まず、ここでの大きなポイントは、利益が得られるかどうかの判断です。この判断を間違えると、製品の受注は多いが利益が出ないことになり、作った後になって、利益を得るためのコストダウン活動を進めなければなりません。

　つまり、この利益が出るかどうかの判断を安易に行った場合、儲からないだけでなく、会社の存続に影響を与えるものになるということです。このことをしっかりと理解しておくことが大切です。また、会社としての製品コストの算出方法やルールを確立しておくことも重要です。

■図表 1-6-1　製品化の流れと原価の位置づけ■

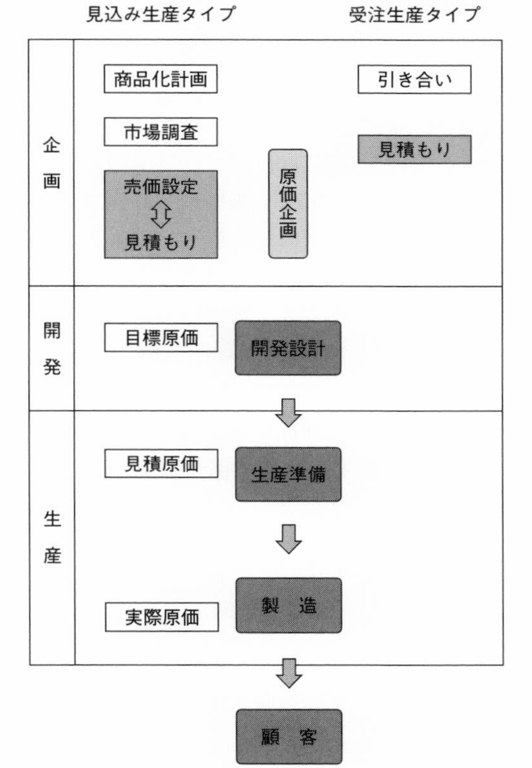

見込み生産タイプ　　　　受注生産タイプ

	見込み生産タイプ	受注生産タイプ
企画	商品化計画 市場調査 売価設定 ⇕ 見積もり	引き合い 見積もり 原価企画
開発	目標原価	開発設計
生産	見積原価	生産準備
	実際原価	製造

顧客

一度決めたら放ったらかし……ではNG！

―原価にも管理サイクル（PDCA）が効いていなければならない―

　目標原価を達成するための手順について、**図表1-7-1**を見ながら考えます。

　最初の原価企画では、企画した製品の売価を設定し、そこから許容原価（概算のコストあるいは目標原価）を設計部門に提示します。このとき企画段階の許容原価は、設計部門に目標原価として提示されます。設計部門では、製品企画で要求される仕様と、目標原価を達成した製品組図や図面・仕様書などを作成します。

　そして、設計部門では、具体的な図面・仕様書が出来上がると、生産部門に図面を発行する（出図）前に目標原価の範囲内で製品が作れることを確認します。この結果、目標原価が達成できていたならば、次の生産準備に進んでいくわけです。生産準備とは、部品や製品を製作するために必要な治工具や材料の調達などのことです。

　ここまでが、製品設計（開発）の管理サイクルとして回ることになります。

　この管理サイクルを回す設計活動で、設計者に目標原価を提示し、あとは図面・仕様書が出来上がるまで設計者任せになっていないでしょうか。

　とくに近年では、目標原価額について、「いくらで作れるか」ではなく、「いくらで作らなければならない」というように、現状のコストの肯定ではなく、現状を打破するコストに主眼が移っています。これは、製品開発のスケジュールやマイルストーン、デザインレビューといったステップを設定していても、他部署を含めた協力や支援などのしくみがないと、目標原価を達成することは難しくなってきています。

　そして、もう一つ大切なことは、製品開発活動の結果をフィードバックすることです。製品開発が終わったら終了ではありません。

　たとえば、あるモジュールに割付けた原価が予算を超えた場合、その理由あるいは原因と対策を検証します。この情報を次の開発テーマに反映できるようにするためです。これが、管理サイクルを回すということですが、これをせずに、同じ問題を起こしているケースを見かけます。

■図表 1-7-1　製品化の流れと原価の位置づけ■

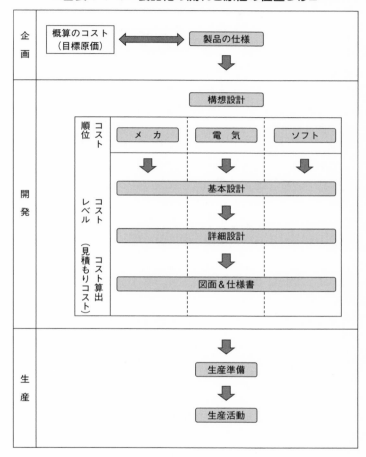

1-8 目標原価はどのくらい詳細でなければならないか

―精度の高い見積もりが、目標原価を左右する―

　設計業務と製品原価の見積もりについて、**図表1-8-1**を見ながら考えます。

　製品の企画段階での概算見積もりは、設計段階に移り、目標原価として意識されることになります。そして、設計段階では、図面・仕様書などが作成された後、目標原価に対して見積もりコストを比較して、達成できているかを判断するわけです。

　設計者は、目標原価をオーバーしている場合、設計の見直しを図り、目標原価以下にする努力を図ります。

　このとき、製品の企画担当者あるいは設計者は、企画段階の許容原価（概算のコストあるいは目標原価）が、なぜ達成できないのかを考えるものです。

　その原因を追求できず、ただ「なぜだろう」で終わっていないでしょうか。また、若手の担当者から、目標原価を滞りなく達成するために、「何らかの対策がないか」という質問をいただくことがあります。その質問は、答えにくいものです。

　なぜならば、その会社の目標原価は、どの程度細かく分けられて設定しているのか分からないからです。

　製品開発のステップには、マイルストーンが設けられています。

　たとえば、デザインレビューです。デザインレビューでは、モジュールや部品が、割付けられた原価を達成できるのかを判断することになります。

　このとき、具体的な形状や寸法がないため漠然とした見積もりになります。この見積もり金額が、割付け原価（予算）をオーバーした場合に、設計の見直しに役立てることができるでしょうか。多くの場合、過去に設計した製品のモジュールや部品の原価を参考にしているだけではないでしょうか。

　製品のモジュールや構成する部品の原価の詳細を把握していないと、目標原価を達成するための道筋が、見えにくくなります。つまり、精度の高い原価情報が必要ということです。それも、実績データではなく、コスト基準による標準コストデータです。なぜならば、実績データには、そのときの技術力や管理力、そして価格交渉という変動要因が含まれているからです。

■図表 1-8-1　フィードバック機構■

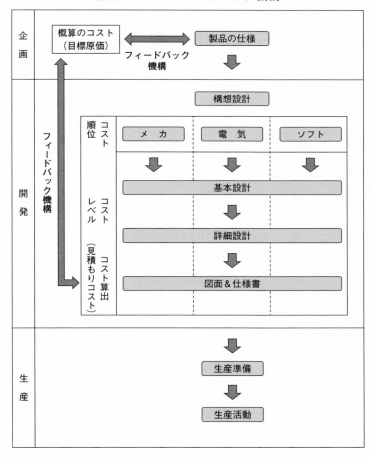

第2章

原価はどのように
決まって行くのか

2-1 事例で考える

―製品開発と見積もりの関係―

　見積もり金額（見積もりコストあるいは見積原価）がどのように決まっていくのかについて事例を使って考えてみましょう。

　家（戸建て）を建てるため、大工さんと打合せをします。

　まず、建てたい家の要望事項を大工さんに説明します。これが顧客要求で、それを文書化したものが製品仕様書になります。その中で、予算は 2,000 万円と提示します。これが希望価格です。

　建て坪が 30 坪、坪単価が 50 万ならば 1,500 万円です。さらに大工さんは、要求の中でポイントになる点の検討を加えます。たとえば、システムキッチンにしたい、断熱性を高めたい、一部屋だけ防音性を高めたいなどの要求を検討し、その費用を追加しても 2,000 万円で収まりそうだと、**図表 2-1-1** のような見積書を提出しました（今回の事例は、正確には利益を含めた売価の算定になっています）。

　これは、家の全体像を描くことで、構想設計にあたります。

　そして、顧客との契約が成立し、部屋の間取りや窓、壁の配置などを具体的に設計していきます。これが基本設計です。大工さんは、居間や床の間、キッチンなど、部屋ごとにコストを割付けて、その金額内で作れるように検討を進めていきます。

　その後、個々の部屋の間取りや配置などをもとに柱や梁の長さ、壁の形状などを決めていきます。これが詳細設計です。ここで大工さんは、一本一本の柱の長さや両端の接手形状など詳細を作成することになります。

　これら製品開発のステップを確認しておいてください（**図表 2-1-2**）。

　実際の住宅建設会社では、標準化・共通化が進んでいますので、あまり設計者がコストに携わっていません。しかし、別部署が原価を管理し、設計部門にフィードバックしています。

■図表 2-1-1　住宅の見積もり■

戸建て

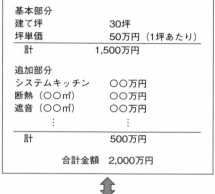

基本部分
建て坪　　　　　　　　30坪
坪単価　　　　　　　　50万円（1坪あたり）
　計　　　　　　　　　1,500万円

追加部分
システムキッチン　　　〇〇万円
断熱（〇〇㎡）　　　　〇〇万円
遮音（〇〇㎡）　　　　〇〇万円
　　　　⋮　　　　　　　　⋮
　計　　　　　　　　　500万円

合計金額　2,000万円

顧客要求　2,000万円

■図表 2-1-2　図面・仕様書作成までの流れ■

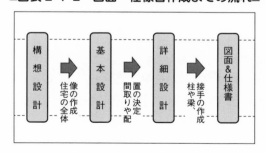

構想設計
住宅の全体像の作成

基本設計
間取りや配置の決定

詳細設計
柱や梁、接手の作成

図面&仕様書

―設計段階で要求される原価管理を理解する―

　従来の原価企画の範囲は、既存市場に投入する製品の企画、その製品売価および原価の設定が中心でした。これに対して現在は、「利益の獲得」に重点が置かれ、製品に設定した目標原価が、顧客に納入する時の原価として達成されることを要求しています。

　すなわち、製品について、2つの管理サイクル（PLAN-DO-CHECK-ACTION）を運用することになります。

　1つ目は、目標原価が製品企画から設計部門で出図したときの見積もり金額として達成できていることです。そして、2つ目は、出図したときの見積もり金額が、実際に生産活動を終えて、顧客に納品したときの実際原価として達成できていることです。この2つに分けて原価管理を進めていきます（図表 2-2-1）。

　ここでは、設計段階での目標原価を中心とする原価管理について考えます。

　従来であれば、市場や顧客の希望価格に対して、設定した目標原価がオーバーした場合でも、製品化をすすめることがありました。それは、生産に入ってからコストダウンを進めることで利益を獲得する（儲ける）ことができたからです。

　しかし、この手法は、今では利益を失うことに直結しています。近年は、製品ライフサイクルが短くなったことや、製品あたりの利益幅が小さくなっていることもあり、少しの予算オーバーが、採算の取れない製品を生み出すことになってしまうからです。

　予定していた販売価格を上げる方法を考えることもできます。しかし、市場には競争相手がいます。売価アップは、簡単に認めてもらえるような状況にはありません。一歩間違えると注文や市場を失うことになりかねません。

　このため、設計段階では、目標原価を達成することが必須なのです。利益の獲得のためには、製品を作ってから利益を獲得する（儲ける）という考え方から、設計段階での目標原価を達成して利益を獲得する（儲ける）ことへの認識が高まってきています。

■図表 2-2-1　原価企画と原価管理の関係■

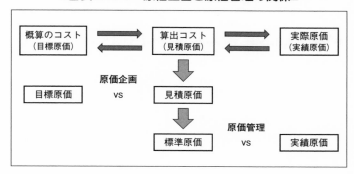

■図表 2-2-2　製品仕様の位置づけ■

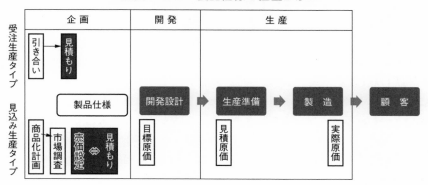

コスト意識を持たない会社の成長は無い

―儲かる製品を設計する意識がないと会社の業績は悪くなる―

　開発した製品が、高い精度で目標原価を達成しているかを確認するには、図面・仕様書が出来上がっていなければなりません。しかし、設計活動は、その図面・仕様書を作り上げていくことですから、その過程において正確にコストを把握するのは難しいものです。

　このため、製品の目標原価が提示されてから、図面・仕様書が示されるまで、コストは設計者任せになるのです。

　ある複写機メーカーは、「高品質で良い製品である」と評価を受けていました。そして、新しく開発された複写機にも、同じような品質と性能を期待されていました。しかし、高品質で良い製品を追求していく中でコストがおざなりとなっていきました。つまり、コストパフォーマンスの悪い製品になっていったのです。

　とくに、このメーカーの設計者は、「コストは、設計者が関与するものではない」という意識のもと自由に購入品を選択し、作りにくい部品を作図していきました。

　具体的には、コネクタの採用があります。設計者が、市場性のないコネクタを選択したため、価格が高いだけでなく供給量にも問題が発生し、生産立上げの時点で2か月以上先でないと入手できなかったのです。

　この結果、このメーカーの製品は他社と品質や性能にあまり差がなく、製品対応が悪いといわれるようになっていきました。このため、生産部門では強力なコストダウンを推進したのですが、取引先は無理な注文やコストダウン要求に反発し、コスト改善は進まない状況になったのです。こうして、生産数量が縮小していったのです（**図表 2-3-1**）。

　このように、設計者のコストに関する意識の低さは、売れない製品や採算性の悪い製品になり、会社の存続にも影響を与えることになっていきます。また、採算性の悪い製品は、設計の見直しをすることになり、追加の開発費用と開発期間の増加というムダを生じてしまいます。

　設計者が、製品の見直しをすることのないように、原価意識を持ち、目標原価の達成を進めることが大切です。

■図表 2-3-1　事例　コスト意識のない設計■

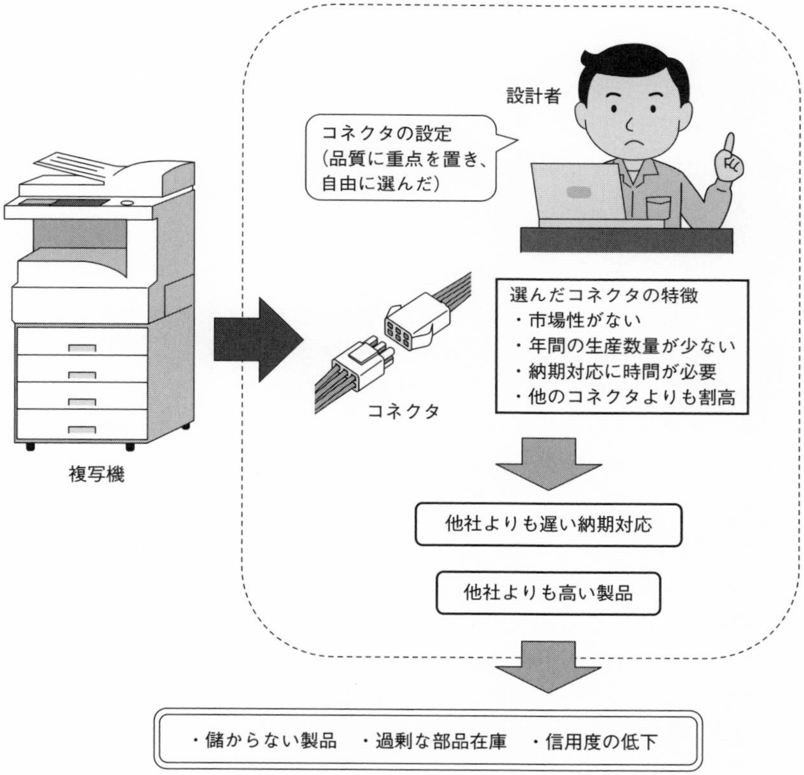

設計者

コネクタの設定
（品質に重点を置き、
自由に選んだ）

選んだコネクタの特徴
・市場性がない
・年間の生産数量が少ない
・納期対応に時間が必要
・他のコネクタよりも割高

コネクタ

複写機

他社よりも遅い納期対応

他社よりも高い製品

・儲からない製品　・過剰な部品在庫　・信用度の低下

2-4 目標原価は何を指しているのか

―目標原価のとらえ方は、会社によって異なる―

　設計段階では、目標原価を達成することが求められると説明しました。それでは、その目標原価とは、何を指しているのでしょうか。

　一般に目標原価は、売価－利益＝許容原価から目標原価が設定されることになります。その目標原価は、企画時の許容原価が、設計部門に移ったときに同じ金額で設定されるとは限りません。

　それは、会社の組織や体制によって、少しずつ異なっています。

　まずA社は、設計部門が、本社機構の中に独立しています。この場合、販売部門が、市場調査や顧客から要求される希望価格に対して、**図表2-4-1**の計算式に当てはめた許容原価（目標原価）を設計部門が用います。

　B社の場合、A社と異なり販売部門の中に設計部門があります。この場合は、計算式に当てはめるというよりも、希望価格（売価）を中心に、販売部門と一緒に考えることになります。つまり、目標売価に重点を置きながら原価を考えることになるのです。

　最後にC社について考えます。大手メーカーに見られるように多くの事業所や工場をもち、様々な製品を生産・販売しており、営業部門が本社機構の中に含まれています。そして、設計部門は事業所あるいは工場にあります。

　このときの目標原価は、上記の計算式にはならないのです。販売部門では、顧客からの希望価格に対して、営業経費（一般管理・販売費）と利益を除いた金額を事業所や工場に提示します。事業所や工場では、その金額から工場の利益を差し引いた金額が、設計部門の目標原価になります。

　このように、目標原価は会社の組織や体制によって異なってきます。自社の目標原価は何を指しているのか、会社によって異なることがあるのです。

■図表 2-4-1　目標原価の定義は組織によって異なる■

1. 設計部門が独立した組織になっている

2. 販売部門に設計部門が含まれている

3. 設計部門が各事業部内に配置されている

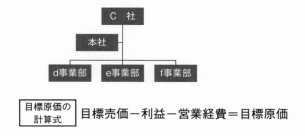

あいまいな製品仕様書は、目標原価の意味を無くす

―仕様書の改定をしないと製品開発に役立たない―

　製品開発を進めるにあたって、設計者は顧客の要求を把握するために製品企画書の作成から加わりまとめる、あるいは製品企画書を受け取った時点で、その内容を確認することから始まります。この製品企画書は、顧客との情報の共有を図るものです。

　そして、設計者は、製品企画書の目標原価をもとに構想設計および基本設計、詳細設計を進めていくことになります。つまり、顧客の要求⇒製品全体の構想⇒製品の構成（モジュール）⇒モジュールの構造⇒各々の部品⇒図面・仕様書へと進んでいくわけです。

　このとき、製品企画書に記載しなかった、あるいはあいまいにしていた部分が、追加項目となることがあります。

　たとえば、当初の使用温度範囲は、室内であったため上限を60℃にしていたとします。しかし、屋外でも使用することになって、上限を80℃へ引き上げることになりました。この場合、電子部品のスペックを変更しなければなりません。これは、製品の仕様変更であり、コストが変わることになります。

　それではこの場合、目標原価および予定売価は変更になるのでしょうか。

　多くの会社で見られるのですが、製品仕様書に変更があったにも関わらず、目標原価も予定売価も変えないことがあります。また、仕様変更に関する記録を残していないケースも見かけます。そのような部分をおざなりにしたまま、採算性が悪い製品をつくってしまっていることが多いということです。

　製品仕様書に変更記録を残すことは、製品の採算性を高めるために重要であり、他の製品開発に役立てることもできます。また、次回の開発テーマに役立てることもできます。忙しいからと言って、仕様の変更をおろそかにしてはいけないのです（**図表 2-5-1**）。

■図表 2-5-1　製品仕様書（例)■

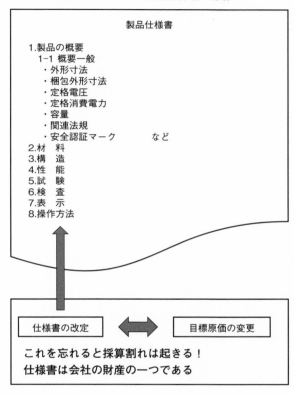

製品仕様書

1.製品の概要
　1-1 概要一般
　　・外形寸法
　　・梱包外形寸法
　　・定格電圧
　　・定格消費電力
　　・容量
　　・関連法規
　　・安全認証マーク　　　　　など
2.材　料
3.構　造
4.性　能
5.試　験
6.検　査
7.表　示
8.操作方法

仕様書の改定　⬌　目標原価の変更

これを忘れると採算割れは起きる！
仕様書は会社の財産の一つである

設計のステップごとに必要な見積もり方法(1)

―構想設計での見積もり方法でエンドレス開発は防げる―

　製品の企画から開発・設計の各ステップで用いられるコスト見積もりは、図面・仕様書があるわけではありません。このため、製品やモジュール、部品などで高い精度の見積もり金額を求めることはできません。

　その代表例は、製品企画で設定する目標原価に対する概算のコストです。この段階では、製品のかたちが全くありません。このため、製品のかたちをイメージすることから始めます。

　そうすると、顧客ニーズ（要求）を満たす製品について、大まかな見積金額になってしまいます。そして、構想設計段階では、目標原価が達成可能なレベルかを判断するために、概算の見積原価が求められるわけです。

　その算出方法は、**図表 2-6-1** のように勘や経験による方法がよく用いられます。他には、住宅の事例で出た一坪あたり 50 万円のように原単位による簡易的な方法があります。

　もう少し詳しく見積もりを行う場合には、ベースになる類似製品のコストと顧客要求から読み取れる変更箇所の費用を加味します。これは、モジュールごとにコストを検討しています（**図表 2-6-2**）。

　そして、概算見積もり金額を用いて、目標原価をクリアできそうかの判断をすることになります。つまり、製品開発を進めるかの意思決定に使われるということです。

　製品に要求されている目標原価と構想設計での概算のコストの比較は、設計見直しを繰返してきりがなくなることを防げます。ただし、構想設定段階での概算のコストは、大まかであることも忘れないでください。現状を打破するために製品の開発を進めることもあるからです。

■図表 2-6-1　原価企画段階の見積もりの方法■

1. **勘や経験による方法**
　　過去の経験や勘による見積もり方法

2. **原単位による方法**
　　1 kg、1 m² などの原単位による見積もり方法

3. **モジュールで検討する方法**
　　モジュールに分けて見積もりをし、合計して求める方法
　　1). モジュールを勘や経験で見積もる方法
　　2). モジュールを原単位で見積もる方法
　　3). モジュールを理論的に見積もる方法

■図表 2-6-2　モジュールごとの見積もり方法■

基本部分	
建て坪	30坪
坪単価	50万円（1坪あたり）
計	1,500万円
追加部分	
システムキッチン	〇〇万円
断熱（〇〇㎡）	〇〇万円
遮音（〇〇㎡）	〇〇万円
⋮	⋮
計	500万円
合計金額	2,000万円

─基本設計、詳細設計での見積もり方法が原価の決め手になる─

　基本設計では、目標原価をもとに製品の構成する要素（以降、モジュールと呼びます）に原価を割付けます。これが、モジュールへの原価割付けで、割付けられた原価が割付け原価です（**図表2-7-1**）。この割付け原価は、モジュールの見積もりを行い、算出したコストと比較することになります。そして、割付け原価が達成できるかを判断し、開発を進めていくかを意思決定するわけです。

　この段階では、構想設計段階で設定したモジュールを他のモジュールに変更することも検討の対象になります。また、モジュールの見積もり金額が割付け原価を超えていても、設計者がモジュールの構造や部品を検討することによって、割付け原価以下で作れると判断するのもこの基本設計です。

　基本設計では、モジュールごとの見積もり金額が見えてくるとともに、モジュールの構成部品が明らかになってきます。つまり、モジュールを決めることは、大まかな構成部品が決まることにつながるわけです。

　しかし、一般的にモジュールの見積もり金額は、過去の実績原価をもとに割付け原価と比較を行い、達成可能かを確認することが多いようです。これが、一つの課題であり、3章で述べます。

　基本設計が終わると、個々の部品の形状や寸法、長さなどを決める詳細設計に進み、図面・仕様書を作成します。一般に詳細設計も、基本設計と同様に部品に原価を割付けて、見積もり金額と比較し、図面化することになります。

　そして、作成した図面・仕様書をもとに見積もりを行います。これが算出コスト（見積原価）になります。最後に見積もり金額が、概算のコスト以下になっていることを確認し、クリアしていれば、生産準備に進みます。

　このように、意思決定のために、算出コスト（見積原価）情報が、ステップごとに必要になってくるのです。

■図表 2-7-1　モジュールへのコスト割付け■

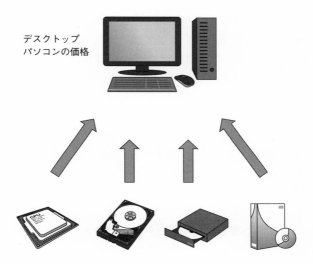

デスクトップ
パソコンの価格

モジュール	CPU	HDD	光学ドライブ	ソフトウェア
条件	処理能力（i3、i5、i7など）	記憶容量（500GB、1TB、2TBなど）	DVDドライブ ブルーレイなど	Office2016、2019、Adobe など
価格	○○～○○円	○○～○○円	○○～○○円	○○～○○円

過去の原価があてにならない理由（1）

―コスト明細があるか―

　前項でも述べたように、目標原価を達成するために、設計者は見積もりによって原価を想定することが必要になります。それは、目標原価に対する概算コスト、モジュールや部品に割付けられた原価に対する算出コストとの比較・チェックを行い、設計上の課題を抽出することです。

　しかし、実務において設計者は、過去に誰かが設計した製品やモジュールなどの実際原価（実績原価）を調べ、その金額（数値）を参考にしています。

　この実際原価は、製品開発で活用してよいのでしょうか。

　見積もり業務では、図面・仕様書と生産ロット数の情報が必要になります。ここまで生産ロット数について紹介していませんでしたが、生産ロット数の量によって、作り方（工順）が変わる可能性があります。それは、作り方（工順）が変われば、原価が変わるからです。

　まずは、開発する製品の生産ロット数と、参考にした製品や部品の生産ロット数が大きく異なっていないかを確認することが重要です。

　見積もりは、材料費＋加工費（あるいは組立費）＋運賃で構成されています（**図表2-8-1**）。

　そして、実際原価を見たとき、ユニットや部品の金額で分かることがあります。それは、材料費と加工費が、分かれていないことです。

　たとえば、新機種に使う部品が、5年以上前に作った部品と類似している場合、新しい部品は、過去の実際原価の金額と同じと評価してよいでしょうか。

　図表2-8-2を見れば分かるとおり、5年以上もの間に材料の価格は上昇しています。つまり、材料費は、大幅にアップすることになります。

　また、このケースの場合、なぜコストアップになったのかを知ることができず、次に生かすことができません。

　まずは、材料費と加工費、運賃を分けたデータでなければならないのです。

■図表 2-8-1　見積もりの構成要素■

■図表 2-8-2　材料費の変動■

材料価格の推移

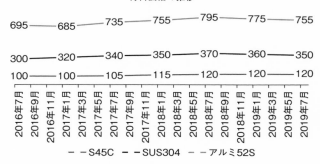

－ －S45C　－ ■ －SUS304　－ －アルミ52S

単位　円／kg

材質	2016年7月	2017年1月	2017年7月	2018年1月	2018年7月	2019年1月	2019年7月
S45C	100	100	105	115	120	120	120
SUS304	300	320	340	350	370	360	350
アルミ52S	695	685	735	755	795	775	755

（鉄鋼新聞　市中相場をもとに作図）

過去の原価があてにならない理由（2）

—作り方による違い—

　前項で述べた生産ロット数の違いについて、もう少し詳しく解説します。分かりやすくするために部品で考えます。

　部品aについて、生産ロット数が、100個と200個で何が違ってくるかを考えます。

　製品や部品を作るための作業の時間（以降、所要時間といいます）は、段取り作業時間と実際に加工や組立などを行う加工作業時間に分けることができます。

　そして、段取り作業時間は、1度の生産に対して1回だけ発生します。生産数量1個に置き換えると段取り作業時間÷生産数量となります。つまり、生産ロット数量が増えれば、コストは下がります（**図表2-9-1**）。

　このように条件によってコストが変わるため、原価情報は過去の数値をそのまま参考にすることはできません。

　この他に、作業時間の内訳を考えることが重要です。実際原価は、過去の実績時間であるため、作業の効率の良いとき、悪いときのうち、どの時間を実績時間として指しているのか分かりません。たとえば、作業スケジュールに狂いが生じ、前工程から材料が届くのを待っている時間や、待っている時間を他の作業に切替えたために発生した段取り作業時間などを含んでいないかということです。

　さらに、不良品の扱いがあります（**図表2-9-2**）。製品や部品のコストに不良発生による費用は、含まれているでしょうか。また、その不良の割合は、改善されて減っているのではないでしょうか。不良発生による費用は、改善されていればそのまますべて利益になります。逆に不良率の改善がなされていないということは大きな問題になります。

　このように所要時間は、段取り作業時間や加工作業時間などに分けて考えなければなりません。

■図表 2-9-1　実績データによるコスト見積もりシステムの課題■

前回の生産ロット　100個

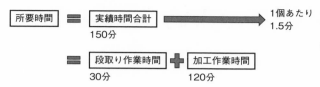

今回の生産ロット　200個

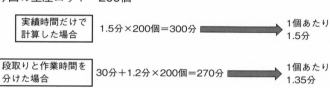

段取り作業時間と加工作業時間を分けないと、時間を管理できない

■図表 2-9-2　不良率と利益の関係■

	不良率10％	不良率0％
製作個数	11個	10個
原価	11個×300円＝3,300円	10個×300円＝3,000円
単価	330円	300円

不良が減ると原価が下がり、利益がそれだけ増える

過去の原価があてにならない理由（3）
―価格交渉による影響―

　最も悩ましいのは価格決定のあり方、すなわち価格交渉です（**図表 2-10-1**）。

　常に起こりえることですが、営業部門であれば、顧客と交渉している中で、競合他社に受注されないように「もう少し価格を下げないと受注できない」と考えることがあります。

　この結果、営業担当者が受注するために値引きし、受注できたとします。しかし、そのまま受注できましたでは終わりません。営業担当者は生産部門に対して、利益確保のために見積もり金額の引き下げを要求します。これに対して生産部門では、コストダウン活動を進めることになるわけです。その結果、金額が引き下げられるわけです。これが、過去の実際原価として残ります。

　このとき、コストダウンが進まずに採算性の悪い製品が生まれてしまうことも考えられます。このため生産部門では、即効性のあるコストダウンを行うために、調達品を扱う購買部門でのコストダウン検討を推進することになります。

　購買部門では、取引先に対してコストダウン依頼を出すことになります。通常のコストダウンは、改善活動があって実行されるものですが、その場合は、取引先任せで単なる値引き依頼がほとんどです。購買部門では、上記のような案件以外でも、取引先へ定期的なコストダウン依頼をしています。発注側から取引先への支援や指導もなく、仕入先任せの値引き要求です。この数値が、実際原価になっていくわけです。

　取引先は、コストダウンに協力しないと非協力的であると見なされるため、注文数量を減らされないように渋々下げていることがあります。この金額を参考にしていることになります。

　そして、取引先も、値引き要求によって利益が減ってしまうため、新規部品などで、その利益を上乗せして回収しようとします（**図表 2-10-2**）。この結果、本来の原価であるはずの数値がわからなくなっていくのです。

■図表 2-10-1　価格決定のあり方■

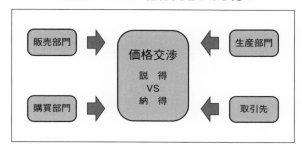

■図表 2-10-2　買い叩きの影響■

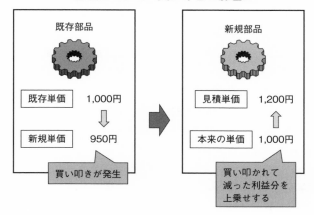

コスト見積もり方法の種類（1）

─長所と短所─

コストを見積もる方法について、いくつか紹介しましょう（**図表 2-11-1**）。

まずは、よく取引先との価格交渉で見受けられる方法で、取引先の社長さんが過去の経験や勘によって原価を見積もる方法です。この方法は、見積もり担当者の過去の経験や勘がそれぞれ異なるため、見積もり担当者によって金額に大きな開きが出ることもあります。

つぎが、過去の実績データをもとに統計処理する方法です。過去何年間かのコスト実績データを統計的に処理した見積もり方法です。

この方法は、信頼性のある過去の原価の実績データを収集して、統計手法を用い、計算式や表などにまとめたものです。過去の実績データをもとに見積もるため、ものづくりをあまり知らなくてもコストを求めることができるメリットがあります。設計者の場合には、この計算式や表などを用いるのではなく、単純に過去の実績データから類推することが多いようです。

3 番目は、慣習的な簡易手法です（**図表 2-11-2**）。慣習的な簡易手法とは、その業界で一般的に用いられている基準をもとに見積もるものです。具体的には、重量や面積をもとに基準となる価格を用いて計算する方法や、「穴1個　○○円」、「タップ1個　○○円」などという金額を用いる方法などがあります。この方法は、設計者が図面を作成する前の形状や寸法などを検討する際に役立つものです。しかし、この方法は、本来は前提条件をもとに設けられた数値や金額だったのですが、その数値だけが一人歩きをしていることが多いようです。

最後が、理論的に算出する方法です。この方法は、製品を作るための工程や作業の手順などの条件を設定し、理論的に原価を算出する方法です。「本来、いくらで作れるか」を示すものです。

慣習的な簡易手法で求まるコストは、理論的に算出するコストの簡易版であり、条件を固定した中で算出されるコストになります。

■図表2-11-1　コスト見積もり方法の種類と長所、短所■

見積もり手法	長　　所	短　　所
過去の経験や勘による手法	・迅速に見積もることができる	・個人に依存してしまうため、信頼性に乏しい
過去の実績データを統計処理する手法	・迅速に見積もることができる ・過去のデータであるため、信頼が持てる ・個人差が少なく、信頼できる	・コストダウンに活用するための詳細を知ることができない
慣習的な簡易手法	・迅速に見積もることができる ・見積もりできる社員を増やしやすい	・コストダウンに活用するための詳細を知ることができない ・世間一般の金額が妥当でないことがある
理論的に算出する方法	・誰もが納得でき、信頼できる見積もりを求めることができる ・コストダウンのポイントを見積もることができる ・個人差を少なくすることができる	・見積もるために時間がかかることが多い ・ある程度専門的な知識が必要になる

■図表2-11-2　慣習的な簡易法と他の手法の関係■

コスト見積もり方法の種類（2）
―実績データの活用―

　近年、過去の実績データを統計処理する方法を採用しようとしているケースが増えていますので、少し詳しく説明します（**図表 2-12-1**）。

　この手法は大手のメーカーで採用されていることが多いようです。過去 10 年以上の加工品についての実績データを活用して、図面（CAD データ）から迅速にコストを算出しようというものです。

　この方法は、過去の大量の原価の実績データを、統計手法によって計算式や表などにまとめ、コスト見積もりシステムにします。そして、製作するための図面（CAD データ）から大きさや寸法などの情報を抽出し、その情報をもとにコスト見積もりシステムに入力して原価を求めるのです。

　この実績データを用いたコスト見積もりシステムは、加工品の工程情報や作業の手順などの知識や経験を必要とせず、簡単で迅速にコストを求めることができ、非常に便利に感じます。

　しかし、本当にそうでしょうか。具体的な例で考えてみます。

　ある会社の購買担当者（バイヤー）は、取引先との価格交渉で過去の実績データをもとにしたコスト見積もりシステムを使って、金額を算出しています。バイヤーは、この見積もり金額を取引先に提示し、発注処理を行います。

　それでは、価格交渉のときに、金額に大きな差額が生じたらどのように対応するのでしょうか。材料費や加工費の情報が示されたとしても、なぜ差額が大きいのかを知ることはできないでしょう。

　これは、設計者が、この見積もりシステムを活用しようとした場合にも言えることです。見積もり金額が、目標原価や割付け原価をオーバーしているとき、このシステムの情報をコストダウンのために役立てられるでしょうか（**図表 2-12-2**）。

　また、技術革新について、コストに反映することが難しいという課題もあります。

　さらに、需給動向や経済状況による影響を含んでいることなどがあり、これは価格交渉に表れてきます。

■図表 2-12-1　原価企画と統計手法によるコスト見積もり方法■

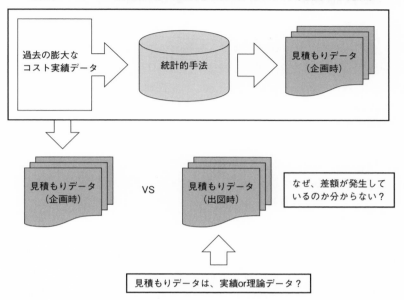

■図表 2-12-2　実績原価をコストダウンに使えるか？■

開発した製品の原価情報はすぐに取り出せるのか
―身近に原価情報がないとコスト意識は高まらない―

　多くの情報を整備して、優れたコスト見積もりシステムを有していても、そのシステムを活用したい設計者に必要な情報が、迅速に届かなければ意味がありません。設計者に対する社内教育・研修を行い、コスト意識を高めたとしても、必要なときに必要な情報を手元に入手することができなければ、情報は役に立ちません（**図表2-13-1**）。

　具体的に考えてみましょう。

　たとえば、設計者に「あなたの開発した製品は、いくらで販売できましたか」と質問したときに、設計者は答えられるでしょうか。また、設計者が設計をするにあたって、どんな素材や材質にするかを考えるとき、「候補の材料や材質の価格（材料単価）をすぐに知ることができますか」という質問に「イエス」と答えられるでしょうか。

　設計業務では、製品を開発するにあたって、製品仕様書を確認することから始めます。その際に当然、目標原価の確認もします。

　要求された製品が、その目標原価で作れるのかを確認しておくことが必要です。このとき、簡単な判断要素は、「製品の材料費がいくらになるか」を知ることです。

　そして、過去の経験や統計データなどから、製品原価に占める材料費の割合を整理しておきます。材料費が分かると、残りが加工費になりますので、前述の割合をもとに「この加工費で作れるか」を考えるのです。この方法は、目標原価に対するハードルの高さを簡単に判断することができます。

　しかし、このためには、製品に採用しようと考えている材料単価を知らなければなりません。原価情報をすぐに取り出せることが求められるのはこのような理由からです。

■図表 2-13-1　必要な原価情報とは■

選択する材料の単価は？

概略の原価はいくらになるか？

材料費と加工費の割合は？

設計者

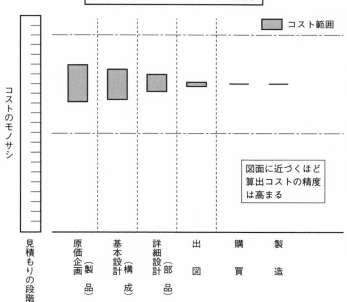

設計のステップとコスト精度

コスト範囲

コストのモノサシ

図面に近づくほど
算出コストの精度
は高まる

見積もりの段階

原価企画（製品）

基本設計（構成）

詳細設計（部品）

出図

購買

製造

2-14 製品開発に役立つコスト見積もりシステムとは
―設計者が目標原価達成の可能性を見つけるためには―

　2-13項では、製品の目標原価が達成可能かを簡単に判断するポイントの一つを紹介しました。

　設計者は、開発のステップに応じて、大まかな原価をつかまえておくことが必要です。もし、このような簡易的な原価把握を行わないと、開発ステップでのコストレビューを通過し、図面になってから慌てて、設計を見直さなければならないなどということも起きます。また、製品全体からコストダウンのポイントを見つけようとする場合にも、コストをつかまえていなければ、効果の大きい部分に狙いをつけて検討することができません。

　そのため、これらに役立つ見積もり方法が必要であり、しくみ（システム）を作っておくことが必要です（**図表 2-14-1**）。

　たとえば、新製品に設定している目標原価に対し、従来の類似製品の原価との比較で予算オーバーであるとき、どの部分にコストダウンの重点を置くかを検討する場合、必要な原価情報を迅速に入手できるシステムづくりが必要です。

　その方法として、まず製品をいくつかのモジュールに分けます。そして、それらモジュールの原価を想定し、モジュールに割付けた原価を満たせる構造を検討するのです。その検討によって、モジュールの構造全体を変更することもあれば、構造の中の一部あるいは部品の仕様などを変更することもあります。このようにして、目標原価を達成できるかのメドを付けます。

　この検討をできるようにするためには、部品の原価だけではなく、モジュール（ユニットやサブ ASSY など）の原価も含め、迅速に知ることができるしくみを作っておくことが必要です（**図表 2-14-2**）。このときの注意点は、知ることのできる原価とは実績原価ではなく、標準となる原価でなければならないということです。

■図表 2-14-1　見積もりシステムに求められる項目■

1.目標原価が達成可能かを判断するため
2.実際にいくらの原価で開発できるかの判断をするため
3.目標原価を達成するための方策を判断するため
4.方策に必要な資源を入手できるかを判断するため

判断のためのコスト見積もりシステム
（コストのモノサシ）

■図表 2-14-2　見積もりシステムの範囲と対象■

見積もりシステムの範囲		見積もりシステムの対象
機械加工		製品
プレス・板金加工		モジュール
射出成形加工		サブ ASSY
組立		部品
焼結		
ダイカスト品		
その他		

結局ものづくりを理解していないと儲けのしくみは作れない
―ものづくりを知らないと原価は語れない―

　設計者は、製品開発を進めるとき、全体の構想⇒モジュールの検討⇒モジュールの構造⇒部品の形状というように分けて検討していくことになります。当然、目標原価を意識しながら、検討していきます。

　まずモジュールの検討を考えます。たとえば、ある製品を包装する装置を設計する場合を考えます。この場合、製品を包装するために、特定の場所にその製品を置くことにします。このためには、製品をその場所まで移動する装置（モジュール）が必要です。

　この製品を移動する方法には、シュート方式、エアシリンダ方式、油圧シリンダ方式、モーター方式などいくつか考えられます。装置に要求される条件を満たし、なおかつ安価なものを選択します。これが、モジュールの検討です。

　その後、モジュールの構造を具体的に検討することになります。一般にモジュールは、多くの部品で構成され、部品点数が少ない方が安価になります。なぜならば、部品点数が増えれば、それだけ組立工数が増え、コストアップになるからです。

　さらに、この形状が、コストに大きな影響を与えます。

　たとえば、**図表 2-15-1** のような部品があるとします。一般的には、プレス機を用いて、外周と穴4箇所を一緒に抜いて製作することになるでしょう。しかし、このときの穴の位置を確認してください。穴の位置が縁と近いため、一緒に抜こうとしても材料が引っ張られて、穴の形状が楕円になってしまう可能性があります。このため、外周をプレス機で抜いた後にボール盤で穴を開けることになり、穴をあける工程が増えるため、コストアップになってしまいます。

　このため、**図表 2-15-2** のように縁から穴位置を少し離して外周と穴が一緒に抜けるように変更します。この結果、コストを抑えることができます。

　このように設計者は、ものづくりの知識をしっかりと持つことで、コスト競争力を高めることができるのです。

■図表 2-15-1　ものづくり技術の大切さ（例）■

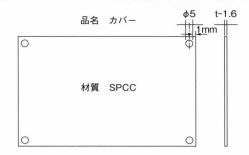

品名　カバー

φ5　t-1.6

1mm

材質　SPCC

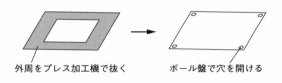

外周をプレス加工機で抜く　　→　　ボール盤で穴を開ける

工程が増えコストアップ

■図表 2-15-2　設計改善例■

品名　カバー

3mm

材質　SPCC

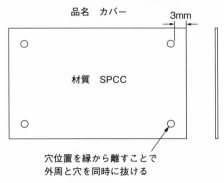

穴位置を縁から離すことで
外周と穴を同時に抜ける

工程を減らしてコストダウン

第3章

コスト見積もりの考え方と方法

3-1 生産活動を知らないで原価は語れない

―生産活動が原価に置き換わることを知っているか―

　一般的なコスト見積もりの求め方について、紹介します（**図表3-1-1**）。

　材料費は、材料単価と材料使用量からなり、材料単価は材料のkgあたりの単価を指します。材料使用量は、製品や部品に使われている材料の重量だけではありません。素材から必要な材料分を取り出すことになるため、製品分の材料に付加分や歩留まりなどが+αになります。

　加工費は、所要時間と加工費レートからなります。

　所要時間は、部品や製品を作る時間のことで、設備機械を使って作れば加工時間、組立作業であれば組立時間などとも言います。この所要時間の構成は、段取り作業時間と加工作業時間になり、生産性を加味した1個（単位）の製作時間です。

　加工費レートは、会社によってレート、チャージ、時間単価などと呼ばれることもある、経営活動で発生する材料費を除く設備機械や社員の給与・賞与、その他の費用を単位時間あたりに換算した金額のことです。

　それでは、「製品の原価は、設計からどのような順番で決まっていくのか」を考えてみます（**図表3-1-2**）。まず顧客要求をもとに「どのような製品を作るか」でかたちづくります。そのアウトプットは、図面・仕様書になるわけです。これが、開発・設計活動です。

　つぎに、この図面・仕様書を用いて、「どのように作るか」を決めることになります。この部分を計画することが、見積もりの必要情報になります。

　そのうえで、「いくらか」の計算することによって、見積原価が明らかになっていきます。

　ここで注目したいのは、「どのように作るか」が生産活動であるということです。生産活動の内容に応じて所要時間が算出され、これが製品原価の算定に使用されます。つまり、生産活動を知らないと原価を正しく決めることは難しいということです。

■図表 3-1-1　見積もりのための構成要素■

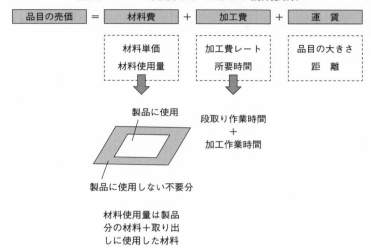

| 品目の売価 | ＝ | 材料費 | ＋ | 加工費 | ＋ | 運　賃 |

材料単価
材料使用量

加工費レート
所要時間

品目の大きさ
距　離

製品に使用

段取り作業時間
＋
加工作業時間

製品に使用しない不要分

材料使用量は製品
分の材料＋取り出
しに使用した材料

■図表 3-1-2　コストはどのように決まっていくか■

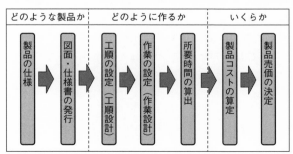

どのような製品か	どのように作るか	いくらか

製品の仕様 → 図面・仕様書の発行 → 工順の設定（工順設計） → 作業の設定（作業設計） → 所要時間の算出 → 製品コストの算定 → 製品売価の決定

原価を作るのは自社の技術力と管理力
—技術力と管理力は会社の両輪である—

　ベンチマーキングという言葉を聞いたことがあるでしょうか。

　ベンチマーキングでは、マネジメント（管理）や業務プロセス、情報システムなどについて、自社のやり方とその業界、あるいは他の業界も含めて、もっとも優れた実践方法とを比較、分析します。それによって、自社の実力とのギャップ（差）を明らかにし、そのギャップを埋めるために改善し、仕事の効率向上を図ることを狙いとしています。

　これは、企業に優劣があることを示し、優れた企業へのステップアップの方法を示したものです。

　生産活動について考えると、その企業のレベルを何で評価するかという評価軸として、「技術力」と「管理力」に分けることができます（**図表 3-2-1**）。

　技術力とは、固有技術のことで、その企業で蓄積してきた生産活動に必要な加工や組立などものづくりのノウハウです。技術力の例を挙げると、同じ品目を同じ時間で他社よりも高い品質で作れる、あるいはより多く生産できるノウハウなどです。

　これに対して管理力は、仕事を効率よく進めて行くことです。生産活動の場合、生産性を高めることであり、作業効率や設備機械の稼働率、良品率などが指標になるでしょう。現在の製品は、設備機械によって製作することが多く、稼働率の高低が単位時間当たりの生産数量に影響します。

　そして、この技術力と管理力のレベルは、会社によって異なります（**図表 3-2-2**）。この結果、生産活動にかかるコストは、企業ごとに異なるのです。だからこそ、自社の技術力と管理力のレベルをしっかりと把握しておくことが必要になります。

　さらに技術力と管理力は、バランスがとれていなければならなりません。どちらか一方が大きくなりすぎると原価にムダが生じることになります。

■図表 3-2-1　固有技術と管理技術のポイント■

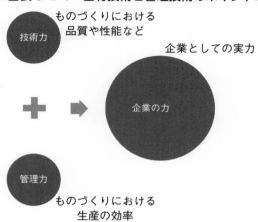

■図表 3-2-2　自社の現状と将来の方向性■

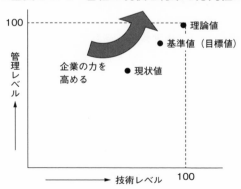

3-3 まずはコスト見積もりの基準を持つことが大切

—儲けるためにコスト基準をしっかりと持っているか—

コスト見積もり業務を行う場合、常に課題になることがあります。それは、見積もり担当者によって、金額が大きく違ってしまうことです（図表3-3-1）。

特に、営業担当者が顧客に出す見積書は、自社の利益（儲け）を決めるためのものです。

この見積書の金額が、担当者によって大きく異なるということは、儲けがある時もあればない時もあるということになってしまいます。経営幹部の中には、この課題に頭を悩ませている方もいます。

この見積もり金額の差額の原因として、担当者個人の経験や知識の違い、業務量の多い時や少ない時などのタイミング、見積もりの作り方（工程）が異なるなどがあります。

このため、誰が見積もっても同じような金額になるよう、見積もりに関する基準を持つことが必要になります。

そして、コスト見積もり業務では、部門によって見積もりに対する立場が異なります（図表3-3-2）。

前述の通り販売部門では、利益を乗せた見積書を顧客に提出することで利益を確保します。購買部門では、取引先の選択で機会損失が起きないよう、より安価に品目を購入するために見積もりを査定します。

同様に製造部門では、製品に要求された品質を安価に確保できる作り方を検討します。そして、設計部門では、製品に要求される品質や性能、機能などをより安価で達成する製品を作る検討をします。

このように立場によって着目する点は異なりますが、見積もりの基準（以降、コスト基準といいます）を設定する必要性にかわりはありません。

■図表 3-3-1　見積もりの課題■

・見積もり担当者による違い
・経験量の違い
・見積もりタイミングによる違い
・置かれている環境の違い
・設定した工程の違い
・設定した機械の違い
・設定した作業者の違い

誰が見積もっても同じコスト

コスト基準設定の必要性

■図表 3-3-2　立場によるコストの見方の違い■

立場	目的	ポイント
売る立場（販売）	採算性の重視	自社の実力評価
買う立場（購買）	機会損失を未然に防ぐ	合理的なコストダウン
作る立場（製造）	品質の確保	自社の実力判断
作る立場（設計）	性能・品質の追求	自社、取引先を含めた実力

3-4 具体的なコスト基準を考える

―5つのコスト基準と原価の標準値を整理する―

　ここでは、代表的なコスト基準の項目とその基準から求められる標準値について、具体的に紹介します（**図表3-4-1**）。

　1）材料費の標準値設定

　　まず、材料費の標準があります。材料費の標準では、どのような素材を用いているかを知らなければなりません。その上で、材料単価、材料使用量、材料余裕量（率）、スクラップのコスト基準を検討します。

　　とくに材料使用量では、製品や部品の正味量に付加量（＋α）を設定しておく必要があります。この部分には、会社の技術力が関係します。

　2）工順設計の標準値設定

　　工順設計の標準は、品目を作るための図面・仕様書に基づいて、適切な材料を用い、どのような工程や設備機械を経由するかを設定することです。ここでは多くの加工方法に関する知識（コスト基準）が求められます。

　3）所要時間（加工時間）の標準値設定

　　所要時間（加工時間）の標準値設定では、段取り作業時間、加工作業時間（標準時間）、生産の諸係数の3つに分けて考えます。ここでは、標準時間に用いる作業条件や作業環境などの設定が必要になります。これが、コスト基準です。

　4）加工費率の標準値設定（単位時間あたりの加工費）

　　加工費率は、単位時間（時間あるいは分など）あたりの加工費のことです。加工費率は、工場での設備機械のレートとも言え、原価を捉える単位として、工順設計で定める工程の設備機械、作業を対象にコスト基準を設定します。

　5）管理諸比率の標準値設定

　　管理諸比率とは、生産現場をサービス・支援する生産技術や生産管理、品質保証などの工場間接部門の費用、会社全体を支援する総務・経理部門の費用、利益などの諸比率を設定することです。

　　これらの標準値を活用して、標準値となる見積金額を算出します。これが原価標準になります。

■図表 3-4-1　コスト基準と５つのコスト標準値■

① 材料費の標準値設定
　　材料単価、材料の使用量、歩留まりなど

② 工順設計の標準値設定
　　品目を最適な原価で作るための必要な工程と順序

③ 所要（加工）時間の標準値設定
　　工程ごとに目的とする加工や作業を達成するため
　　必要になる作業や段取りなどの時間
　　標準時間が基礎となる

④ 単位時間あたりの加工費の標準値設定
　　（加工費率）
　　基準になる設備機械の設定と購入金額や作業者の
　　設定と労務費など

⑤ 管理諸比率の標準値設定
　　生産部門内の製造現場支援の費用、生産部門以外
　　の費用や利益などの割合

原価標準

費率	単位時価あたりの費用のこと。円／分または円／時間で表す。
比率	割合のこと。％で表す。

原価の標準値と実際原価の食い違いをどうするか
―差額は、利益の向上の着眼点である―

　コスト基準を設定し、コスト見積もりシステムを運用していても、取引先や工場の原価と大きな開きが出てしまうことがあります。この結果、コスト見積もりシステムは役に立たないものと決め付けて、もともと設定してあった目標原価に無理があるといい、都合のよいときだけコスト見積もりシステムを用いようとする方たちもいます。

　このような差額が発生する原因について、全く追究しないで、適当な修正を加えて使っていることに問題があります（**図表 3-5-1**）。

　たとえば、ある製品は、完成後に検査部門で全数検査をしているとします。この場合、検査工程で発生する費用は、製品原価に加えなければなりません。この検査費用は、すべての製品に均等に発生するわけではなく、1 個あたりの検査時間も異なるため、検査費用が異なってきます。しかし、そのような理由を全く考慮することなく、所要時間を適当に増やして対応していると、大きな開きが出ます。

　このような齟齬を引き起こすと考えられる原因について、いくつか項目を掲げておきます（**図表 3-5-2**）。

　まず、コスト見積もりシステムそのものに課題があることです。これは、例えば上のように、コスト見積もりシステムの中に製品を作るために必要な作業が含まれていないことが挙げられます。

　次に、コスト見積もり担当者の能力不足が挙げられます。担当者が最適な工順を見つけ出せない、実際に製作できない加工工程を選択するなどがあります。

　運用面では、購買部門が、コスト見積もりシステムを単に外注品を買い叩くための道具として使っていることも課題の一つです。このようなことを続けると、取引先との信頼関係を損ねることになります。

　原価データの管理では、過去のコスト基準のまま、技術の革新や向上を反映できていないケースも見られます。ただ数字だけを用いることのないように注意することです。

　最後は、社員の原価意識が低いことです。原価企画に対する意識は、コスト意識の基礎の上に成り立ちます。すなわち、コストへの信頼性を高めることが必要です。

■図表 3-5-1　原価の標準値と実績値の食い違い■

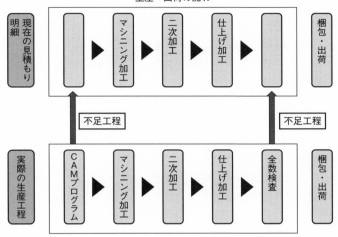

生産～出荷の流れ

必要な工程や作業に不足があると
見積金額との差額が大きくなる

■図表 3-5-2　コスト差額が大きい原因■

1. コスト見積もりシステムそのものに課題がある
2. コスト見積もり担当者の能力が不足している
3. コスト見積もりの運用に課題がある
4. コストデータの管理に課題がある
5. 社員の原価企画に対する意識が低い

コスト見積もりの二つのルートとモジュール化

―見積もりには展開アプローチと積上げアプローチがある―

　コスト見積もりを進める手順には、2通りの方法があります。

　一つは、素材から製品に向かってコストを積上げていく方法で、コスト積上げ法です。そしてもう一つは、製品から素材までコストを割付けていくコスト展開法があります（**図表3-6-1**）。

　通常のコスト見積もりは、コスト積上げ法を用いて、図面をもとに材料⇒部品⇒ユニット品⇒製品という順番にコストを求めていきます。これは、生産活動に沿って進めることでもあります。また、原価に関する検討や見直しを進めるときにも、この手順を参考にしながら進めます。

　これに対してコスト展開法は、製品仕様書がスタートになり、かたちのないところに原価を割付けて、その金額の範囲内で作れる図面・仕様書を作り上げていきます。

　もし、同じ製品のコストを2つの見積もり方法で算出した場合、当たり前のことですが、結果は同じ金額になりません。

　コスト積上げ法では部品の詳細を記載しています。このため、「どのように作るか」の工順や作業手順が明らかになり、正確な作業の時間を求めることができます。

　これに対してコスト展開法は、かたちがないため、特定のモデルをベースにモジュールや部品に分解し、コストを割付けていくのです。この考え方には、「どのように作るか」がありません。そのため、過去の実際原価をもとに金額を設定したり、金額に範囲を持たせたりすることになるのです。

　ただ、コスト積上げ法による算出金額は、最終的にコスト展開法による算出金額の範囲内におさまるものでなければなりません。

　なぜならば、目標原価を設定するということは、その金額で作れることを目指すということだからです。設計者は、目標原価を達成するために構造や形状などを工夫や努力をする必要があります。

■図表 3-6-1　コスト積上げ法とコスト展開法■

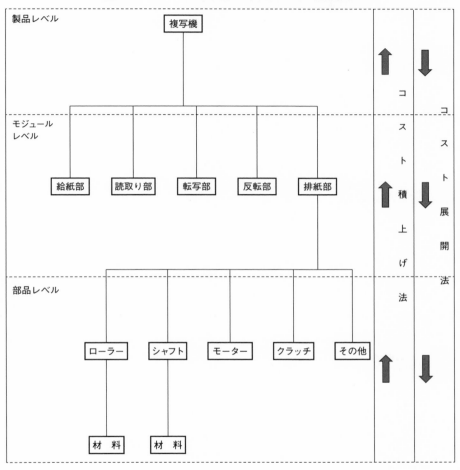

3-7 コスト積上げ法

―原材料から加工・組立へとコストを積上げる―

　コスト積上げ法について考えます。

　コスト積上げ法を実行する前に、必要な情報を整理しておく必要があります。以下に、コスト積上げ法の見積もりを進めるための4つの情報を紹介します（**図表3-7-1**）。

　まず必要なのは、品目情報です。これは製作する品目に関する原材料や材質、寸法、厚さなどのことです。これは、図面・仕様書に記載されています。

　次に、製品を構成するリストである部品表情報が必要です。ただし、ここで必要になるのは、設計者が作成した部品リスト（設計部品表）ではなく、生産工程の情報（作り方）を反映した製造部品表です。

　3番目は、品目を製作する手順を表す工順情報です。

　最後に必要なのは生産計画情報で、これは生産ロット数を表します。生産ロット数は、1ロットあたりの数量によって、工順が変わることがあります。工順の変更は、品質、納期、原価面を考慮して決められることになります。

　これらの情報をもとにコスト計算を行うのですが、その順番を説明します（**図表3-7-2**）。

　まず、コスト積上げ法の紹介で述べたように、素材から部品を作る段階のコスト算出を行います。ここで、図面・仕様書と生産ロット、工順情報が必要になってきます。

　次に部品からユニットあるいはモジュールを製作するためのコスト計算を行います。このときに部品表情報が必要になります。

　そして、ユニットあるいはモジュールを組み合わせて、製品をつくるためのコスト計算を行います。このときも部品表情報が必要になります。

　コスト積上げ法のコスト計算は上に述べたような手順で進めることになります。そして、コスト積上げ法では、見積もりに必要な情報が揃っていることが前提になってきます。

■図表 3-7-1　見積もりに必要な情報■

①品目情報
②部品表情報
③工順情報
④生産計画情報

■図表 3-7-2　コスト積上げ法■

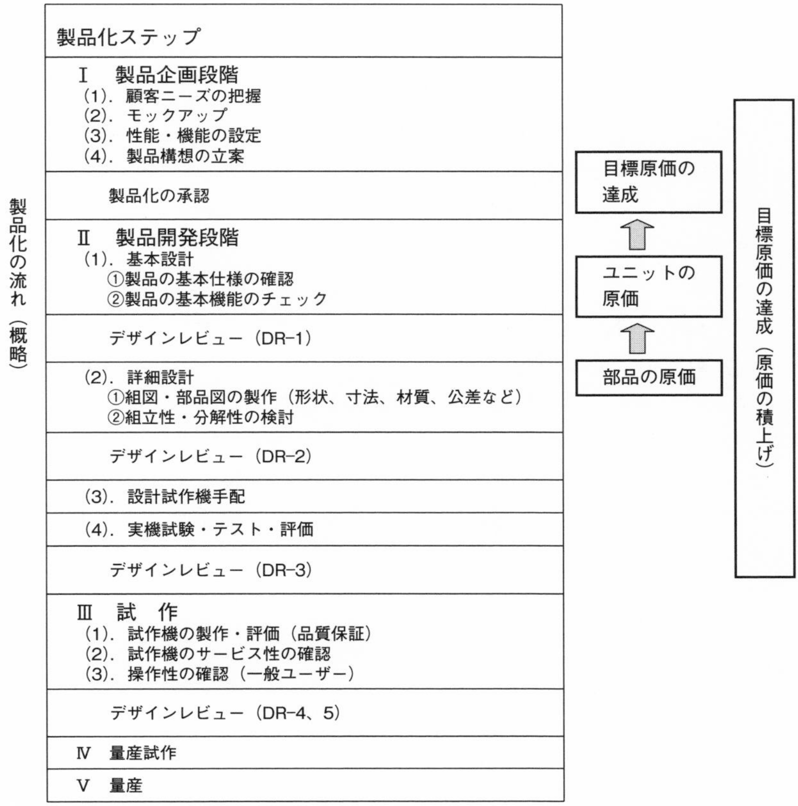

製品化の流れ　（概略）

製品化ステップ
Ⅰ　製品企画段階 （1）．顧客ニーズの把握 （2）．モックアップ （3）．性能・機能の設定 （4）．製品構想の立案
製品化の承認
Ⅱ　製品開発段階 （1）．基本設計 　①製品の基本仕様の確認 　②製品の基本機能のチェック
デザインレビュー（DR-1）
（2）．詳細設計 　①組図・部品図の製作（形状、寸法、材質、公差など） 　②組立性・分解性の検討
デザインレビュー（DR-2）
（3）．設計試作機手配
（4）．実機試験・テスト・評価
デザインレビュー（DR-3）
Ⅲ　試　作 （1）．試作機の製作・評価（品質保証） （2）．試作機のサービス性の確認 （3）．操作性の確認（一般ユーザー）
デザインレビュー（DR-4、5）
Ⅳ　量産試作
Ⅴ　量産

目標原価の
達成

⇧

ユニットの
原価

⇧

部品の原価

目標原価の達成（原価の積上げ）

コスト展開法

—製品の目標原価から部品へと原価を割付けるコスト展開法—

3-7 項に引き続き、今度はコスト展開法について考えます（**図表 3-8-1**）。

コスト展開法では、コスト積上げ法のように正確な情報を準備できるわけではありません。この状態から見積もりを行っていくことが大きな違いです。

このため、大まかな数値での検討になってしまうのです。その結果、出図前の段階の見積原価と大きな差額が生じ、設計の見直しが発生することがあるわけです。

まず、設計者は目標原価をもとに全体構成を考えます。そのときの原価は、過去の類似品の実際原価を用いることがほとんどでしょう。過去に社内の実績、経験および知識から目標原価を満たせそうな構成を設定します。これが、モジュール化です。設定したモジュール（構成要素）ごとに「いくらくらいの原価になるか」を割付けます。これを割付け原価と呼びます。

そして、モジュールの構造を考え、その構造を部品へと展開していきます。このときも、過去の類似品の実際原価から割付けていくことが多いようです。

コスト展開法での注目点は、開発ステップの中のデザインレビューで、設定している構造で目標原価や割付け原価を達成できるか評価することです。これが、コストレビューです。

これまでの説明で理解いただけたと思いますが、過去の類似品と実績原価が必要になるのは、以上のような理由です。

設計業務では、過去の類似品を一部変更することによって、開発期間と開発費用を低減する方法があります。つまり流用設計です。製品を開発するとき、そのプロトタイプ（ひな形）を持って、そのプロトタイプについて、モジュール⇒構造の検討⇒部品へとプロトタイプと原価を結びつけながら、目標原価を達成するアイデアを検討していくのです。

■図表 3-8-1　コスト展開法■

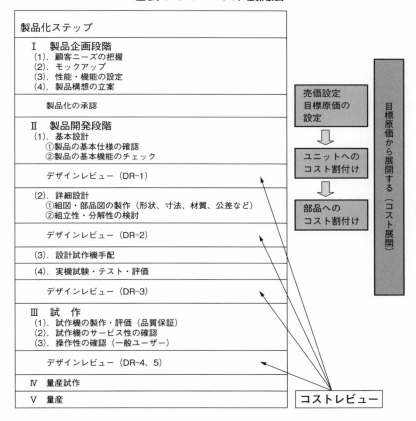

3-9 原価情報のフィードバック機構の取り入れ方

—目標原価への対応策を作成する方法とは—

　ここでは、コスト展開法を用いて割付けたコストが、出図前の見積もりコストを大きく超過した場合（予算オーバー）について考えます。

　これまでも述べてきた通り、製品のかたちがない状況での見積もり金額は、概算の原価になります。そして、出図前の見積原価は必要な情報がそろっていますので、詳細な原価情報が明らかになっています。

　この状態では、割付け原価と詳細な見積もりをした原価の比較をして、目標原価達成のための改善案を作ることは困難でしょう。

　多くの設計者は、過去の知識や経験で、予算オーバーを解消しようとします。しかし、設計者個人だけでは難しい場合もあります。その場合には、プロジェクト全体あるいは設計部門内の他の社員に加わってもらい、VE 会議などと呼ばれる会議を開催し、コスト改善案のアイデアを検討します。そして、まとめられた改善案に優先順位付けを行い、実施し、コストダウンの成果を見ていくことになります。

　この進め方は、予算オーバーという現在の課題を解決することはできるかもしれません。しかし、同じような課題が発生したときに、毎回同じような手順で対策していくことになってしまう可能性があります。また、設計の効率化を図る面からも、あまり良いとはいえないでしょう。

　これを解消するためには、目標原価や割付け原価と見積原価の比較ができるようにしておくことです。その方法が、プロトタイプ（ひな形）を持つことです（**図表3-9-1**）。

　そして、製品のプロトタイプ（ひな形）に対する原価を設定しておきます。ここでの注意点は、設定する原価は過去の実績原価ではなく、コスト基準をもとに理論的に算出した原価であることです。実績原価は、生産ロスや価格交渉、設備機械の性能の違いなどによって、発生した費用に様々な要因が加わっています。これでは、比較の信頼性に欠けます。

　このルールを部門内でフォーマライズ（公式化）しておくことで、比較が可能になります。

■図表3-9-1　プロトタイプによる比較■

製品仕様書

設計活動

プリンターの架台

プロトタイプ

部品	員数	原価
角パイプA1	4個	○○
角パイプA2	4個	○×
角パイプB	4個	○△
アジャスター	4個	△△

 モジュール

実際の設計品

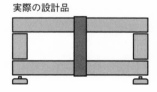

部品	員数	原価
角パイプA1	4個	○○
角パイプA2	4個	○×
角パイプB	4個	○△
アジャスター	4個	△○
補強板	2個	◇△

目標原価がなぜ達成できなかっ
たかを知ることができる。

原価情報を入手できるしくみの構築は簡単ではない
―コスト見積もりに必要な能力を育てる―

　皆さんの会社には、コスト見積もり業務を行える社員が、何人いますか。あるいは、専門部署はあるでしょうか。しっかりとコスト見積もりのできる社員が何人います、と言える会社が少ないように思います。

　また、見積もり専門の部署を設けていても、コスト見積もりできる能力を持った社員が少なく、教育に苦労している会社もあります。

　見積もり担当者がコストを算出できたとしても、設計者が目標原価を達成できない製品で悩んでいるとき、アドバイスできる社員が何人いるでしょうか。

　製品の開発・設計でのコストが大切であることから、設計者をコスト面から支援しようとコンカレントエンジニアリングや開発購買などのしくみを作っても、コスト見積もりを理解している社員がいなければ、そのしくみは役に立たないでしょう。

　コンカレントエンジニアリングとは、製品の開発を設計者だけでなく、資材・購買、製造、生産技術などのメンバーが加わって、品質や納期、コストについて、効率よく、効果的に達成しようとする支援システムです（図表3-10-1）。

　しかし、コスト見積もりを理解しているメンバーがいなければ、原価面からの効率や効果は期待することはできないのです。現実には、コスト見積もりのできる社員が少ないため、コンカレントエンジニアリングがあまり浸透していません。

　また、開発購買は、外部（取引先）との交渉を行い、多くの情報を持ち、価格交渉によってコストにも詳しい社員に、コスト面から設計者を支援してもらう役割です（図表3-10-2）。こちらも、コンカレントエンジニアリングと同様に、あまり実践できている会社が多くないように見えます。

　このため、まずはコスト見積もり能力を持った社員を育成することから始めなければなりません。

■図表 3-10-1 コンカレントエンジニアリングとアドバイス■

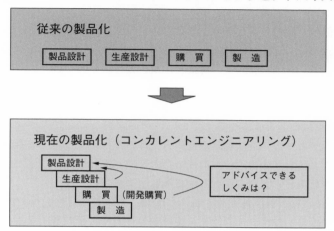

■図表 3-10-2 開発購買に求められる役割■

1. 機会損失を最小にし、利益の最大化を目指せること
2. 論理的、科学的に職務を遂行できること
3. 機会損失を最小にするためのアイデアを出せること
4. そのアイデアを具体化できること（計画）
5. 粘り強く計画を実行できること

3-11 コスト見積もりに必要な能力を育てる

―必要な能力とは―

コスト見積もり能力として要求される内容を、**図表 3-11-1** で紹介します。

「図面が読めること」は当たり前のようにみえますが、現在の図面は三次元 CAD で描かれていて、それを図面化（二次元）すると理解しにくいため、必要な能力として挙げています。二次元の図面を見てアイソメ図のような形状を想像できる能力が必要です（**図表 3-11-2**）。

「現有設備機械の利用状況を知っていること」から「現有設備機械の能力と精度が分かること」までは、自社製品を社内外で作るために必要な設備機械についての知識ということになります。これには、どの機械が自社製品を作るために最も適した設備機械かを理解しておくことも含まれてきます。

そして、「工程の所要時間が分かること」は、製品や部品を設備機械で作るための時間が分かることです。これは、設備機械の性能や付帯設備による稼働率の向上も考慮する必要があります。所要時間の算出は、計算が中心になります。

「設備機械および工具の費用が分かること」は、加工費レートを設定するうえで必要な情報です。とくに、近年の設備機械は、様々な付帯設備が販売されるようになりました、この付帯設備は、費用面では負担になりますが、稼働率の向上に大いに役立っています。このため、どのような付帯設備を保有しているか確認しておく必要があります。

最後の「最も合理的な工順（工程手順）を決められること」では、どのような作り方をすれば、最適なコストになるかを判断できることです。このためには、実際に品目を作るのに適した複数の工順（工程手順）を設定できなければなりません。

この複数の工順の中から最も経済的な手順をするために行われるのが「コスト・シミュレーション」です。「コスト・シミュレーション」のためにコスト見積もりのシステム化を図っているケースも見受けられます。

■図表 3-11-1　見積もりに必要な能力■

（1）図面が読めること
（2）現有設備機械の利用状況を知っていること
（3）現有設備機械でどのような加工ができるのかを知っていること
（4）現有設備機械の能力と精度が分かること
（5）工程の所要時間が分かること
（6）設備機械および工具の費用が分かること
（7）最も合理的な工程手順を決められること

■図表 3-11-2　アイソメ図■

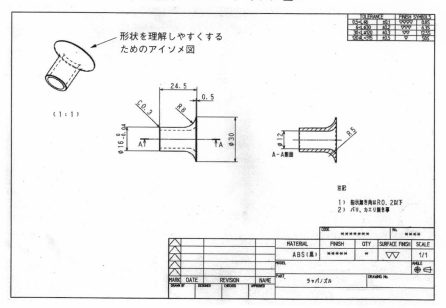

第4章

製品構成のひな形化による
攻めのコスト戦略

設計には「技術開発」と「製品化」の二つの要素がある
―実験データは最適なコストを追求するうえで必要だ―

　製品の設計業務について、少し整理しておきましょう。

　製品を開発するにあたって参照するものとして、設計者自身あるいは会社で蓄積したノウハウや情報があります。これらのノウハウや情報を活用して自社の製品を作り上げます。

　これらのノウハウや情報は、一般にアイデア力といわれる部分です。このアイデア力が、設計者に要求される重要な要素の一つです。しかし、アイデアはそのままかたちにして使えるというものでもありません。そのアイデアをもとにブラッシュアップを図り、実用できるかたちにしていくわけです。

　以前に事務機器用のキャスターの開発を行ったことがあります。

　事務機器メーカーでは、事務機器を所定の位置に移動させ、固定するためにキャスターを用いており、一つの部品と捉えています。

　このキャスターは、事務機器の重量を支えるもので、移動を容易にしています。一方、この事務機器は、顧客ニーズによって複合的な機能の追加や性能の向上を図っています。この結果、事務機器の重量は当然重くなっていきます（**図表 4-1-1**）。

　この点を考慮しなければ、使用している間にキャスターが壊れることが考えられます。このため、キャスターにどれくらいの耐久重や耐久時間があるかを確認しておく必要があります。つまり、耐久テスト（実験）です。

　このように製品の開発では、機構や原理などを考えるとともに実験を行って、性能や耐久性などを整理しておくことが求められます。

　設計業務は、製品を開発する業務と、製品の機構や原理などを整理する技術開発業務からなります（**図表 4-1-2**）。

　耐久テスト（実験）は、原価面にも影響を与えるものです。製品に採用する部品やモジュールなどが、共通で使用できる範囲を定めることになり、コストを抑えることができるわけです。

■図表 4-1-1　キャスターの実験■

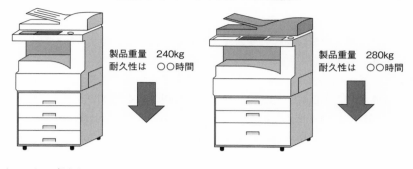

製品重量　240kg
耐久性は　〇〇時間

製品重量　280kg
耐久性は　〇〇時間

キャスター1個あたり60kgの
重量がかかる

キャスター1個あたり70kgの
重量がかかる

キャスター選択に必要

■図表 4-1-2　技術開発業務と設計業務■

製品に必要な技術を
作り出す技術開発業務

製品を作り出す
設計業務

製品設計では機能的な視点とアイデア力を必要とする
―機能的な視点とともにアイデア力が必要になる―

　設計者は、製品の設計を遂行するうえで必要な情報をどのように整理しているのでしょうか。

　顧客ニーズ（顧客要求）は、まず製品に要求する品質や性能として製品仕様書に記載されます。この品質や性能は、機能的に表現することができます。機能とは、その物事が持っている目的と働きのことです（**図表 4-2-1**）。

　実際の製品開発で設計者は、機能を意識することなく、具体的な製品のかたちを検討していることの方が多いでしょう。しかし、機能の視点は製品の開発・設計に必須であり、この視点を加えながら設計業務を進めています。このため、顧客ニーズを機能的な表現で紹介します。これは、設計の意味を分かりやすくするためと理解してください。

　また、機能という言葉は、VE（バリューエンジニアリング）手法でよく用いられます。VE 手法は、設計段階でのコストダウンの方法の一つとして広く紹介されています。VE 手法を用いたことによって、大きなコストダウン成果を挙げたという例も少なくありません。ただ、その成果は、VE 活動を進めるメンバーの能力や経験に左右される部分が多く見受けられます。すなわち、それがアイデア力です（**図表 4-2-2**）。

　そして、アイデア力のある設計者は、一般に重要な製品の開発案件に従事しています。このため、VE によるコストダウン活動では、多くの経験やアイデア力を持つ設計者が参加するべきなのですが、そうはなっていないのです。

　結果、大きなコストダウン成果は生じにくくなります。このように、アイデア力は、設計者に必要な能力の一つです。

■図表4-2-1　顧客要求と機能の関係■

性能　　―　機能の達成度
信頼性　―　機能達成の持続力
保全性　―　機能不具合時の修復度
安全性　―　機能達成の安全度
操作性　―　機能達成のための操作の容易度
　　　　　　（技術面から見ると）
拡張性　―　機能の拡張を図る

■図表4-2-2　製品開発、設計のアイデア力を生むには■

アイデアを生み出すには？

1. 過去の経験
2. 習得している知識
3. 世間に発表されている情報
4. 専門家あるいは分野の情報
5. 友人や知人の情報

製品開発のステップを機能的に考える
―かたちづくりの手順に目標原価達成の基本がある―

　製品の開発は、構想設計⇒基本設計⇒詳細設計のステップを踏んで進めていきます。このステップは、ものの視点から捉えると、製品⇒ユニット⇒サブ ASSY ⇒部品となります。さらに、これを機能的な視点で表現すると**図表 4-3-1** になります。

　製品仕様書をもとに全体の構想を考えるとき、どのようなやり方で製品仕様を満たすのかを決めます。これが方式の選択です。たとえば、プリンターであれば、インクジェット方式やレーザー方式、インパクト方式、熱転写方式などです。

　方式は、一つのシステムであるため、システムを構成する要素があります。この構成要素が、一般にモジュールといわれます。つまり、構成要素に分けることは、モジュール化（モジュールへの分割）をすることです。

　プリンターにレーザー方式を採用すれば、給紙、帯電、露光、現像などのユニットに分けられます。このユニットがモジュールです。

　モジュールは、それらのモジュールごとに様々な構造を持っています。この構造を具体的に決めることを、構造の検討と呼びます。たとえば、給紙ユニットであれば、ローラーや軸受、ベルト、モーターなどが構造にあたります（**図表 4-3-2**）。

　最後に部品の形状や寸法、公差などを決定し、それを図面・仕様書に表していくことになります。たとえば、ローラーであれば材質や形状、長さ、直径、公差などを決めて図面化することです。

　設計者はこのようなステップで、顧客要求をかたち（製品）づくりしていくのです。そして、これによって原価を決めることになり、目標原価を意識することになるのです。

　今回のようなプリンターであれば、方式の選択によって原価が大きく変わってきます。同様に給紙ユニットの構造、部品の形状が変われば原価が変わります。したがって、これらのステップごとに最適な原価を選択できることが、目標原価の達成に結びつきます。

■図表 4-3-1　アプローチの仕方■

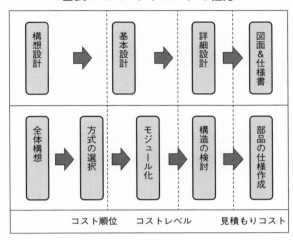

■図表 4-3-2　ユニットと構造■

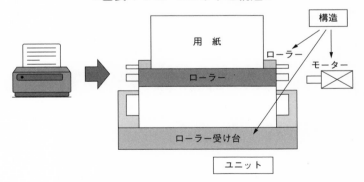

まずは仕様書で方式とモジュールを決める

―仕様書を安易に理解すると目標原価は遠のく―

　ここまで理論的な説明をしてきましたが、設計者は製品仕様書（企画書）を確認した後に製品全体の構想を考え、方式とモジュールを頭の中でまとめているものです。ただ、自社製品にシリーズなど類似製品を持っている場合には、類似品を参考にした流用設計を行うことが多いため、あまり目標原価に対する意識を持つことなく、設計業務を進めるようです。

　流用設計は、開発期間と開発費用を抑制し、製品の開発・設計を効率的に行う方法として有効です。しかし、「何故、その構造や形状にしたのか？」の理由などを理解せずに用いると、大きなコストアップになることもあります。そのようなことのないように、設定した構造や形状の理由を理解することが求められます。

　以前、プリンターの給紙（紙送り）部分の図面を、用紙のサイズに合わせて、単純に大きくしただけというケースに出会ったことがあります。

　この事例では、紙送り部分のサイズを用紙のサイズに合わせて広げる設計をしていました。コストも、大きさに比例してアップするだろうと想定していました。

　しかし、結果として、想定したコストを大幅に越えることになっただけでなく、品質の低下も生むことになりました（**図表 4-4-1**）。このため、設計者は設計を見直し、構造を変更することで目標原価を達成しようと努力することになりました。結局は、製品仕様書を修正して、製品の条件の一部を緩めることになったのです。

　なぜ、このようなことが起こったのでしょうか。

　その理由は、単に流用設計したため、製作の困難な部品の図面を作成したためです。

　本来であれば、製品仕様書をもとに製品を作らなければいけないはずです。それが、製品仕様書を変更するという本末転倒になったことは、顧客ニーズ（顧客要求）と異なる製品を作ることになりかねません。

■図表 4-4-1　設計に失敗したケース■

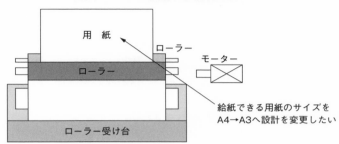

用　紙
ローラー
ローラー
モーター
ローラー受け台

給紙できる用紙のサイズを
A4→A3へ設計を変更したい

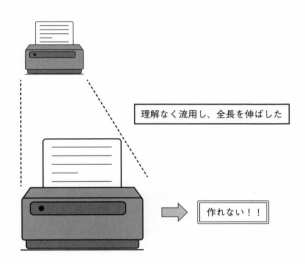

理解なく流用し、全長を伸ばした

作れない！！

モジュールとコストの関係の整理をする
―目標原価を達成するための第一のポイント―

　ここからは、製品という具体的なかたちへの置き換えとコストについて考えていきます。

　設計者はまず、製品仕様書を見て、顧客ニーズ（顧客要求）からどのようなやり方（方式）にするのかを考えます。

　前出のプリンターの例では、1分間に印刷できる枚数や解像度、コストなどの仕様をもとに、インクジェット、レーザー、インパクト、熱転写などの方式の中から、インクジェット方式にするというような絞込みを行います。この仕様書の内容は、製品を作るうえでの条件と表現することもできます。

　そして、方式を決めるためのもっとも大きな条件は、目標原価を達成できる方式であることです。しかし、多くの会社ではあまり方式を意識することなく、次のモジュールの検討に進んでいます。ここに注意すべき点があります。

　次に、選択した方式から必要な構成に分けます（モジュールへの分割）。たとえば、レーザープリンターであれば、給紙、露光、転写、定着などのモジュールです。

　このモジュールにも要求される条件があり、コストも割付けられます（**図表4-5-1**）。このモジュールとコストの関係を整理しておくことが必要です。たとえば、用紙を引き込む給紙のユニットでは、1分間のローラーの回転数は何回転以上必要か、そのためのモーターの回転数やトルクはいくつ必要か、といった条件のことです。

　そして、選択した方式に応じて、モーターの動力源が必要になり、電圧や電流値などの条件があります。このようにしてモジュールに割付けられた原価とそのモジュールは「いくらで作れるか」という見積もりを設定することになります。

　目標原価の達成を進めていくためには、モジュールごとに原価の割付けが行われ、この「割付け原価」に対して「実現可能なコストはいくらか」を迅速に入手できるしくみ（システム）を設けておくことがポイントになります。

　このために、モジュールについて、プロトタイプ（ひな形）を設けるのです。

■図表 4-5-1　モジュールへのコスト割付け■

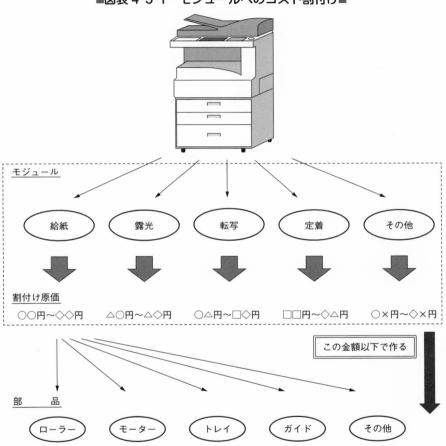

モジュール

| 給紙 | 露光 | 転写 | 定着 | その他 |

割付け原価

○○円~◇◇円　△○円~△◇円　○△円~□◇円　□□円~◇△円　○×円~◇×円

この金額以下で作る

部　　　品

| ローラー | モーター | トレイ | ガイド | その他 |

4-6 モジュールの原価はプロトタイプ（ひな形）で考える

―目標原価を達成するためコストを見える化―

ここでは、モジュールのプロトタイプ（ひな形）について、もう少し考えます。

モジュールは、構造を持っています。そして、設計者は、その構造について、より安価に条件を満たすことを検討し、その結果を部品の図面に表現します。

このとき、設計者は、モジュールの構造を「いくらで作る」という割付け原価に対して、「それ以下で作る」ことを検討し、図面化していくことであるといえます（図表4-6-1）。

モジュールの構造を考えるにあたって、正式な「かたち」はありません。ですから、会社の持っているノウハウや過去の経験、知識などをもとにしたモデルが必要なのです。このモデルが、プロトタイプ（ひな形）なのです。

設計者は、過去の経験や知識をもとにモジュールの構造を確認し、それらの構造をまねて新製品の設計業務を進めます。しかし、この過去のモジュール構造そのものが、設計者によって違っていることがあります。そこで、設計者たちが、類似した製品の設計業務を行う場合、過去の構造の中から、皆が同じようなモジュール構造を選択できるようにします。これがプロトタイプ（ひな形）を設ける理由です。これで、設計者によるコストのバラツキを抑えることができます。

そして、このプロトタイプは、「いくらで作れる」という金額を明らかにします。この金額は、過去の実績原価でなく、コスト基準をもとに算出した標準値（金額）にします。なぜなら、2章で述べたように、過去の実績コストには、設備機械の性能や価格交渉をはじめとする比較できない要素が多く含まれているからです。

また、モジュール構造の設定は、モジュールに要求される条件によって、変更すべき点が明らかになります。この変更部分のコスト算出を行い、より正確性（精度）の高い原価をつかまえることができます。

■図表 4-6-1　部品へのコスト割付け■

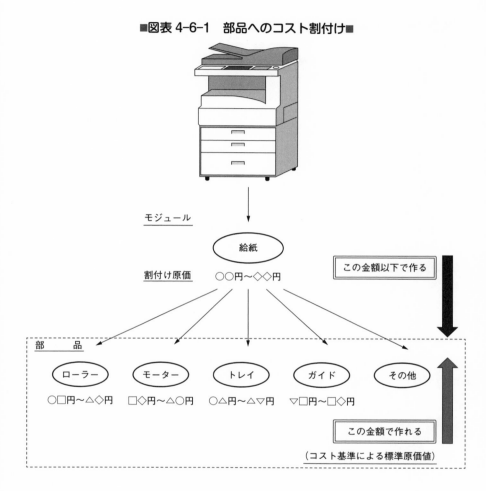

モジュール

給紙

割付け原価　○○円〜◇◇円

この金額以下で作る

部　　品

| ローラー | モーター | トレイ | ガイド | その他 |

○□円〜△◇円　　□◇円〜△○円　　○△円〜△▽円　　▽□円〜□◇円

この金額で作れる

（コスト基準による標準原価値）

モジュールとコストを整理する
―スピード見積もり法のすすめ―

　それでは、設計者が具体的に「どのようにコストを掴まえるか」について考えます。

　よく用いられている簡易にコストを算出する方法を**図表 4-7-1** に示します。

　まず、原単位によるコスト算出です。これは、製品や部品に対して、面積や体積、重量をもとに m² あたりいくら、m³ あたりいくら、kg あたりいくらなどという金額を乗じて求めます（**図表 4-7-2**）。住宅で見られる坪 50 万円や鋳物製品などで見られる kg 300 円などという金額に、建て坪数や製品重量を乗じて算出します。

　次が、加工機能ごとにコストを算出する方法です。加工方法ごとにコストを見積もる方法で、たとえばプレス加工では、1 曲げ 10 円、1 パンチ 5 円、ボール盤では、1 穴 7 円などというものです。

　これらは、自動車産業を中心に用いられることがありました。この方法は現在、設備や装置など部品点数が多く、生産ロット数が少ないときに用いられているようです。これは、材料費は別に算出し、加工費を算出するための簡易法として用いられています。ただ、これは、あくまで大まかにコストを算出する方法です。

　この 2 つの簡易的な見積もり法は、見積もりに必要な情報の一部を変数ではなく、定数にしています。たとえば、プレス機での穴抜きは、単型プレスを用いて材料の板厚や穴径を特定の範囲に決め、その範囲内であれば、抜き穴は 1 個につき 10 円というようにしているのです。

　この方法は、近年少なくなってきていますが、簡易的な見積もり手法（スピード見積もり法）として十分に活用できます。

　最後の理論的なコスト算出方法は、設備機械や作業方法などを決め、理論を用いてコストを求める方法です。

■図表 4-7-1　コスト算出方法■

・原単位による算出方法

　　→　㎡、kg などの単位あたりの金額

・加工機能ごとの世間相場による方法

　　→　ねじ、穴などの加工機能ごとの相場による金額

・理論的なコスト算出方法

　　→　理論的に積上げていく方法

■図表 4-7-2　原単位による算出方法■

プリンター

重量

＝　○○円/kg

プリンターの単価 ＝ プリンターの重量 × ○○円/kg

モジュールごとにプロトタイプ（ひな形）を決める（1）

―設計でのスピード見積もりのための標準化①―

　製品仕様書をもとに全体構想から方式を選び、構成への分割を行い、モジュールを決めると述べました。この手順に応じた、簡易的な見積もり法（スピード見積もり法）を考えてみます。

　製品仕様書が、従来の製品仕様とほとんど変わらない場合には、従来製品の概算コストと変わらないものになるでしょう。この場合には、原単位あたりの金額に大きさから重量を算出して、その金額を乗じた値になります。

　むしろ、企業では、目標原価について、従来よりも安価な金額を提示するでしょう。類似した製品の開発では、部品を共通で使用することによって、コストを下げられるからです。つまり、「数によるコストダウン」があるからです。この場合には、生産ロット数の増加による係数を活用して、概算の原価を算出するのも一つの方法です。

　しかし、実際の製品開発では、仕様書の一部が変更されると、モジュールを変更する、あるいはモジュールの構造を変更することが考えられます。

　たとえば、前出のプリンターを例に考えてみます。これまで用紙のサイズが A4 でしたが、今回は B4 サイズで1分間の印刷枚数は同じ仕様の開発を行うことになりました。

　この場合、変更箇所は、全体の幅とモーターになるとします。この長さについて、変更する部品を統計的に分析し、指数化しておくのです。この結果、固定部分の原価と変動部分の統計データを活用して求めた原価を合計することによって、簡易的に原価を算出します（**図表 4-8-1**）。これも一つのスピード見積もり法です。

■図表 4-8-1　計算式を用いたスピード見積もり法■

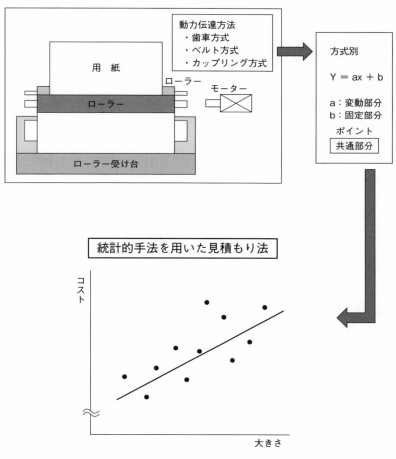

統計的手法を用いた見積もり法

過去に製作したモジュールを大きさとコストを
もとに統計的手法を用いて見積もる

モジュールごとにプロトタイプ（ひな形）を決める（2）
―設計でのスピード見積もりのための標準化②―

4-8項では、モジュールの全体の大きさの変化をもとに考えました。プリンターが、幅方向に広がるだけで、そのまま固定部分と変動部分の合計金額になると考えました。ただし、ここで注意すべきことがあります。

プリンターの給紙部の部品を確認すると、**図表4-9-1**のようなシャフトがあります。

短い方のシャフトはA4サイズ用で、長い方のシャフトはA2サイズ用です。単純に用紙の入る幅を広げることを考えています。しかし、この長さ600 mmのシャフトは、製作することができません。理由は、図面上の真直度0.01 mmが確保できないからです。

また、用紙のサイズが大きくなれば、用紙を取り込むためのローラー部分は長くなります。それに応じて、ローラー部分のシャフトは、自重によって、ソリが大きくなっていきます。そして、このソリは、用紙を取り込むときの不具合に結びついてくるのです。

このため、用紙を取り込む条件を満たせる構造に変更する必要が出てきます。これは、モジュールの構造を変更することになり、原価も変わることを意味します。

このように製品に要求される条件を理解し、その条件に応じた構造を原価とともにしっかりと整理しておくことが必要です（**図表4-9-2**）。

つまり、要求された条件を満たす構造のプロトタイプは、どの大きさまでかなどの限界値を整理することです。そのうえで、プロトタイプと原価を関連付けて、原価を容易に求められるようにしておくことが必要です。

このとき、重要なポイントは、部品に関する技術的な情報です。モジュールを変えた場合には、その部分の原価を算出して、変化を確認すればよいのです。

■図表 4-9-1　加工限界とコスト見積もり■

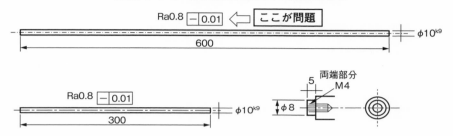

■図表 4-9-2　大きさを変えるだけでは不十分■

単純に流用することはできない

4-9項をまとめると、以下のようになります。

製品全体の構想を行ってモジュールに分割し、そのモジュールに対してプロトタイプを選択します。そのプロトタイプを用いて簡易的に原価を把握すると述べました。

この段階では、図面のように詳細が決まっているわけではないですので、ある程度のバラツキが出ます。つまり、設計した原価には、範囲があることを理解しなければなりません。そして、図面・仕様書に表されることで精度の高い見積原価になります（**図表4-10-1**）。

それでは、モジュールの段階での原価について、バラツキを抑え、精度を高めることはできないでしょうか。

このために、プロトタイプ（ひな形）を設定することを提案しました。まず類似品をグルーピングすることから始めます。それから、プロトタイプを設けます。そのうえでプロトタイプの限界の大きさや形状など範囲も設定しておく必要があります。

そして、そのときのコスト見積もりの基本は、過去の実績データではなく、コスト基準を用いた原価の標準値です。これは、実績データの課題でも述べたように、材料費や加工費、組立費などの区分が明確にできていないことや、市場価格の変動、技術の動向、そして価格交渉による恣意的な要因が入ってしまうからです。このため、それらの要因を排除した状態で評価をすることで、目標原価に対する達成度を判断することができます。

プロトタイプの設定は、その大きさや重量をパラメータにすることによって、迅速なコスト見積もりが可能になります。また、固定部分と変動部分に分けることによって、そのコスト見積もりの精度を向上させることができます（**図表4-10-2**）。

■図表 4-10-1　開発ステップとコスト情報の精度■

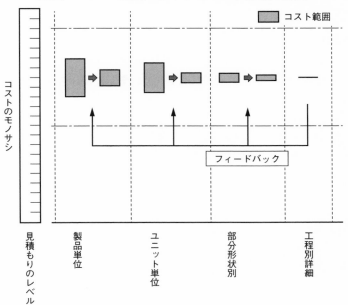

コスト範囲

フィードバック

コストのモノサシ

見積もりのレベル

製品単位

ユニット単位

部分形状別

工程別詳細

■図表 4-10-2　コスト情報の整備とフィードバック■

1. 図面化が進むとコスト情報の精度も高まる
2. 製品レベルでのコスト情報の精度を高めるには、図面レベルの
   コスト情報のフィードバックが重要である
3. コスト情報はコスト基準による標準値を用いる

プロトタイプ（ひな形）から部品を設定する（1）
―設計でのスピード見積もりのための標準化④―

製品開発の最後のステップは、モジュールから構造を検討して、個々の部品に展開し、図面化することです。

モジュールの段階でプロトタイプの設定を述べましたが、たんにそのプロトタイプをはめ込んでいくということではありません。このプロトタイプをもとにモジュール（ユニットやサブASSY）に要求される機能や条件を満たし、なおかつ原価面で有利な構造を検討します。その結果、まとめられるのが部品図です。この図面化が、設計者の重要な役割です。

設計者の能力は、モジュール全体あるいは一部を検討し、機能面や条件面と原価面の両面からの最適値を作り上げるところに注がれるべきです。

そして、部品の設定（図面化）は、モジュールを部品に展開することです。この段階ではまだ、正確なかたちが決まっているわけではありません。しかし、おおよそのかたちが分かりますから、大まかな原価は掴める状態になります。そして、ここでも簡易的なコスト見積もり法（スピード見積もり法）を活用するのです。これによって、構造の中で展開された部品について、原価割合の高い部品を重点的にコスト改善の対象として検討することができるようになります（**図表4-11-1**）。

注意点としては、ここでも実績データを用いるのではなく、コスト基準をもとにした標準値を用いることです。

購買や生産活動での原価は、出図時の見積もりコストと異なって当然です。その理由は、原価の実績データのところで述べました。

コスト見積もりに関して、設備機械や工具など技術革新や管理力の向上、新製品（部品）の導入などによるコスト基準の改定を怠ってはいけません。

■図表 4-11-1　部品へのコスト割付け■

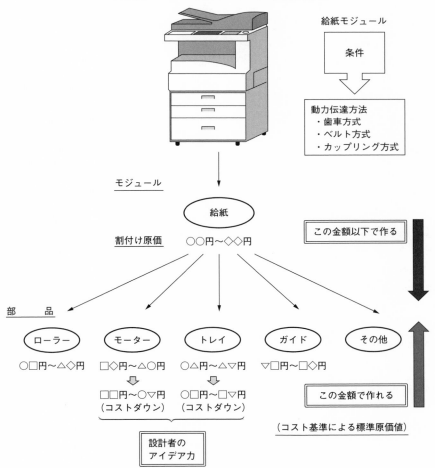

給紙モジュール

条件

動力伝達方法
・歯車方式
・ベルト方式
・カップリング方式

モジュール

給紙

割付け原価　　○○円〜◇◇円

この金額以下で作る

部　　品

ローラー　　モーター　　トレイ　　ガイド　　その他

○□円〜△◇円　□◇円〜△○円　○△円〜△▽円　▽□円〜□◇円

□□円〜○▽円　○□円〜□▽円
（コストダウン）（コストダウン）

この金額で作れる

（コスト基準による標準原価値）

設計者の
アイデア力

4-12 プロトタイプ (ひな形) から部品を設定する (2)

―設計でのスピード見積もりのための標準化⑤―

それでは、部品のコストをかたちができる前に算出する方法を紹介しましょう。

このためには、まず類似部品を分類・整理することから始めます。類似部品であれば、工順や加工、作業の内容、手順が似ているものです。つまり、加工や作業の時間は、大きさや重さに比例するようになり、見積もり金額と大きな開きは出なくなります。

このように大きさや重さをもとに原価を算出することができ、この大きさや重さが見積もりのパラメータとなるのです。

設計者は、検討している部品の大きさや重量から、迅速かつある程度高い精度の原価を算出することができます。つまり、原価を考慮した設計ができるようになるわけです。

しかし、類似した形状であっても、特定の条件によっては原価が大きく変化することがあります。これを知るためのルールが必要です。

これが、一般的には、設計標準で設定されているはずです。

たとえば、プレス機で加工する部品について、**図表 4-12-1** のように 3 つの穴が接近している場合を考えます。このとき穴同士の距離は、どの程度まで許容できるでしょうか。

穴が近すぎると、材料が引っ張られて楕円になってしまうか、切れてしまうでしょう。もし、この距離が必要であれば、プレス機を用いて 1 つの穴を抜き、ボール盤を使って次工程で他の穴をあけることになります。その工程の分だけコストも増えることになります。このことを忘れないようにしなければなりません。

■図表 4-12-1　設計標準（例)■

①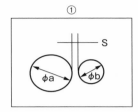

②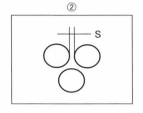

b ≦ 2a　S ≧ 0.8t & S ≧ 0.8
b > 2a　S ≧ 1.5t & S ≧ 2.0

S≧2t
& S≧4

t：板厚　　S：穴間の距離

設計標準はコスト面でも有利である

プレス機で鋼板に穴をあけるとき

①穴が2つの場合

穴aと穴bを比較して、aが2倍以上大きい場合

穴間の距離は最小で0.8 mm
0.8×板厚＝距離以上にする

穴aと穴bを比較して、aが2倍未満の場合

穴間の距離は最小で2.0 mm
1.5×板厚＝距離以上にする

②3つ以上の穴が集中する場合

穴間の距離は最小で4.0 mm
2×板厚＝距離以上にする

第5章

コスト見積もりシステムの
作り方、生かし方

5-1 コスト見積もりシステムを作るには
―見積もりシステム作成の5つのポイント―

　それでは、設計業務に役立つコスト見積もりシステムを、どのように作ればよいでしょうか。

　これは、製品を作るために必要な作業内容を原価に置き換える、コスト積上げ法をもとに作成することになります。つまり、原価を求めるために必要な4つの情報を、5つのコスト基準を設定するために使います。

　コスト見積もりシステムを作成するためのポイントを以下に掲げます（**図表5-1-1**）。

　論理的・科学的であるということは、コスト構築理論をもとに、論理的に作られていることであり、その内容が定量的にまとめられているということです（**図表5-1-2**）。

　技術面とは、固有技術の基準（レベル）をどこに設定するのかということです。機械加工であれば、自社に必要となる設備機械であり、その設備機械で可能な加工および加工に関してなどの技術情報や知識などです。それらの基準は、現在の自社のレベルで考えるのではなく、将来も含めて考える必要があるということです。

　管理面とは、管理技術の基準（レベル）をどこに設定するのかということです。これは、品質、納期、コストの管理面についての効率や能率の基準です。この基準も、技術面と同様に、現在の自社レベルではなく、将来も含めて考える必要があります。

　高能率、高賃金とは、社員の給与や賞与などの費用の基準をどこに設定するのかということです。この社員に関する費用は、同じ職務で質、量に差がなく従事していることを前提に、同一労働、同一賃金で基準を設定する必要があります。

　最後の、基準は、固定的ではないとは、環境の変化に伴い基準値を見直す必要があるということです。定期的な見直しにより、新たな基準を設定することが必要です（**図表5-1-3**）。

■図表 5-1-1　コスト見積もりシステム作成の ポイント

1. 論理的・科学的であること
2. 技術面は、現行ではないこと
3. 管理面は、企業の期待する姿であること
4. 高能率・高賃金を前提にすること
5. 基準は、固定的ではないこと

■図表 5-1-2　論理的と科学的■

論理的であること	科学的であること
事実や現実から、物事を明らかにすること	定量的に分かっている事柄を捉えること

■図表 5-1-3　基準の見直し■

基準は、固定化されていない。
（見直しの必要性）

- ・　技術の進歩
- ・　経済状況の変化
- ・　新管理手法による生産性の向上
- ・　法律の改正
- ・　経営方針や戦略の実践

コスト見積もりシステム化のポイント
―システム化するための4原則とは―

　ここでは、業務システムの開発を進めるにあたって、注意すべき点を紹介します。

　今日では、見積もり業務の効率化を図るためにコンピュータ・システム化を図ることは当たり前のことです。しかし、近年の生産管理システムのようにシステム部門が主導して開発を進めた結果、実際に運用する生産部門では使えないシステムとなり、業務量が増えてしまっているケースもあります。

　この理由は、コンピュータ・システムを使えば大半の業務は効率的に進められるからといって、できる限りコンピュータ・システム化をしてしまうことにあります。

　業務には、人が判断しなければならないことが多々あります。業務を理解せずにシステムに任せてしまったことで、必要な業務の項目が漏れたり、重複したりすると、使えないシステムが生まれます。このようなムダを発生させないために、**図表5-2-1**に注意する必要があります。

　網羅性は、仕事の基本とも言える全体像を把握することです。全体像を把握することで、システムの重要な部分と枝葉末節の部分を理解することができ、重点管理が容易になって、効率化を高めることができます。

　秩序性は、業務の流れを理解することです。業務の手順を抜かさないように、また、表に出ていない業務を忘れないように、それらの業務をしっかりと理解し掴まえることです。業務フローはこのために作成するものです。

　一覧表示は、必要な業務や項目など漏れなく実施できたことを確認するものです。

　最後の検証可能性は、業務システムを遂行したときに所定の結果が出力されてくるのを確認することです。

　少し古い話ですが、**図表 5-2-2**は消費税が導入されたときのシステム開発です。消費税は、各品目に対して消費税率を乗じるのですが、購入した品目の合計金額に消費税率を乗じるシステムを作った開発者がいました。

　検証可能性とは、このような間違いがないことを確認することです。

　このシステムの不備は、上記の4つの基本的なことを漏らした結果、発生したといえます。

■図表 5-2-1 システム作成のポイント■

1. 網羅性：見積もり業務に必要な全体像を網羅しているか
2. 秩序性：各業務の順番（秩序）を把握しているか
3. 一覧表示：それらの情報を一覧表で示せるか
4. 検証可能性：それらの情報を確認できるか

■図表 5-2-2 検証の重要性■

税抜価格を合計して、最後に消費税をまとめて計算する		商品ごとに消費税を含めて計算し、最後に合計して金額を出す			
品目A	1,055	品目A	1,055×(1+10%)	=	1,160円
品目B	2,032	品目B	2,032×(1+10%)	=	2,235円
品目C	1,632	品目C	1,632×(1+10%)	=	1,795円
品目D	5,344　合計 16,076円	品目D	5,344×(1+10%)	=	5,878円
品目E	6,013　×(1+10%)	品目E	6,013×(1+10%)	=	6,614円
合計金額	17,683円	合計金額			17,682円

消費税の計算はどちらが正しい？
誤った情報は間違った判断を下す

5-3 材料費の求め方
―材料単価を考えない設計はコストアップになりやすい―

　製品売価の見積もりは、**図表 5-3-1** のような計算式によって求めます。

　そして、材料費は、材料単価と材料使用量を中心に**図表 5-3-2** の計算式で求めます。ただし、企業の組織や生産の体制など、条件によって一部の費用を簡略化します。計算式の項目について説明します。

①材料単価

　材料単価は、一般にkgなどの原単位あたりの単価で表示されます。材料の価格は、経済動向によって変動し、地域によって差が生じることがあります。設計者は、選択する材料について、その単価をすぐに入手できるようにしておくことが大切です。

②材料使用量

　材料使用量は、**図表 5-3-3** のように、図面通りの製品や部品をかたち作るために必要な材料部分（正味材料使用量）と、製作する工程や加工上で付加しなければならない材料部分（材料余裕量）があります。

　正味材料使用量には、製品や部品になる材料の部分（正味量）と、製作するための＋αとして、必要不可欠な部分（正味付加量）があります。

　材料余裕量は、製作するうえで発生する歩留まりロスなどが含まれています。材料使用量は、これらの要因で構成されています。

③材料管理費比率

　材料管理費は、調達するための資材購買部門の社員の費用、倉庫や運搬具などの設備の費用、在庫維持の費用などの合計費用のことです。材料管理費比率は直接材料で除して比率に表したものです。

　材料管理費比率に利益率が乗じられているのは、資料購買部も利益を生む活動をしているからです。

④スクラップ費

　コスト見積もりでは、使用された製品や部品に対してスクラップとして出た廃棄物を業者が買い取った分だけ還元されるケースと、お金を払って処理してもらうために費用が発生するケースがあります。つまり、製品や部品ごとに差引かれる、あるいは追加されることになります。

■図表 5-3-1　売価の求め方■

$$\boxed{製品売価} = \boxed{材料費} + \boxed{加工費} + \boxed{運\ 賃}$$

$$= \boxed{材料費} + \boxed{工場加工費} \times \boxed{(1+一般管理・販売費比率)}$$

$$\times \boxed{(1+利益率)} + \boxed{運\ 賃}$$

■図表 5-3-2　材料費の求め方■

$$\boxed{材料費} = \boxed{材料単価} \times \boxed{材料使用量} \times$$

$$\boxed{(1+材料管理費比率+材料管理費比率\times利益率)}$$

$$\pm \boxed{スクラップ費}$$

■図表 5-3-3　材料使用量の内訳■

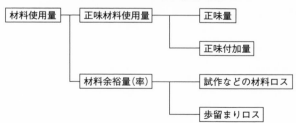

- 材料使用量
  - 正味材料使用量
    - 正味量
    - 正味付加量
  - 材料余裕量（率）
    - 試作などの材料ロス
    - 歩留まりロス

加工費の求め方（1）
—加工費は、会社で発生する材料を除く費用を製品に割付ける—

　加工費は、所要時間（加工時間）に加工費レートを乗じて求めます。所要時間は、その品目を作るために必要になる時間のことで、加工費レートは、単位時間あたりの加工費のことです。加工費レートは設備機械と作業者、あるいは作業ラインなどが対象になります。そしてそれが、見積もりのコストをとらえる単位、つまりコストセンターです。

　加工費は部門別にとらえると、図表5-4-1のように生産部門で発生する費用（工場加工費）とそれ以外の部門で発生する費用（一般管理・販売費比率）、そして利益（利益率）に分けることができます。これが、製品一単位を製作するときの工場加工費に一般管理・販売費比率と利益率を乗じる計算式です。

　ただし、工場加工費は、資材・購買部門を除く、生産部門で発生している費用が対象になります（資材・購買部門の費用は、材料管理費比率で含まれるからです）。

　さらに、生産部門で発生する工場加工費は、図表5-4-1の下部に示すように所要時間（あるいは加工時間）と加工費率（あるいは生産部門内の単位時間当たりの加工費）からなります。この2つの項目を乗じることになります。

　この所要時間は、電車での移動にするときの乗車時間や待ち時間のように、作業時間や機械で加工する時間（機械時間）とロス時間などからなります。

　もう一つの加工費率は、生産部門あるいは工場の単位時間あたりの加工費のことで、設備機械や作業ラインのレート（円／分あるいは時間）です（図表5-4-2）。

　ここまでは、個々の工程の加工費を求めることについて述べました。製品や部品の完成までを考えると、製作するための工程分を集計することになります。

■図表 5-4-1　加工費の求め方■

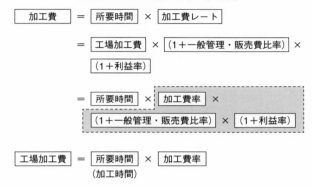

| 加工費 | = | 所要時間 | × | 加工費レート |

= 工場加工費 × (1＋一般管理・販売費比率) × (1＋利益率)

= 所要時間 × 加工費率 × (1＋一般管理・販売費比率) × (1＋利益率)

工場加工費 = 所要時間 × 加工費率
　　　　　　　（加工時間）

■図表 5-4-2　加工費レートと加工費率■

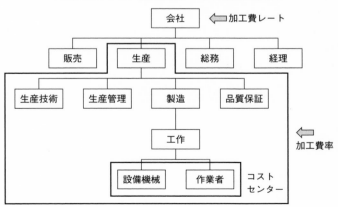

5-5 加工費の求め方 (2)

―加工費率は、コストセンターの単位時間あたりの費用である―

　ここでは、まず加工費レートの内訳について整理します。

　5-4項で加工費は、所要時間に加工費率と一般管理・販売費比率、利益率からなると述べました。これらの中で重要な加工費率から述べていきます。

　まず工場加工費について、求める計算式を**図表5-5-1**に示します。この計算式の中で、加工時間以外の項目が、加工費率を構成する要素です。

　加工費率は、工場で発生する費用が対象になり、設備機械に関連する費用と作業者に関連する費用に大別できます。設備機械に関連する費用は、設備機械や建物の減価償却費、設備機械を稼働させるために必要となる動力費などがあります。もう一方の作業者に関連する費用は、現場で作業をする作業者の労務費になります。

　この2つの費用は、生産部門の製造現場（製造）で発生する費用だけを対象にしています。これに対して生産部門は、製造部門だけではなく、製造部門（現場）をサービス・支援している部門があります。具体的には、**図表5-5-2**に示すような生産管理部や生産技術部、品質保証部などです。これらの部門は、実際に製品を作るのではなく、製造（現場）をサービス・支援する役割を持つ部門です。

　これらの部門も、費用を発生させていますので、それらの費用も加えなければなりません。これが製造経費です。製造経費は、製造部門の設備機械に関連する費用と作業者に関連する費用に加えます。各項目については、5-6項で述べます。

　そして、加工費レートは、この加工費率に一般管理・販売費比率（**図表5-5-3**）と利益率（**図表5-5-4**）を加えることになります。

■図表 5-5-1　工場加工費の求め方■

工場加工費 ＝ 加工時間 × 加工費率

　　　　　＝ ((設備費率＋設備共通費率)×加工時間)

　　　　　　× (1＋製造経費比率) ＋

　　　　　　((労務費率＋労務共通費率)×加工時間)

　　　　　　× (1＋製造経費比率)

■図表 5-5-2　サービス・支援部門■

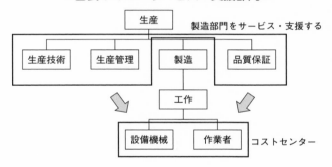

製造部門をサービス・支援する

生産

生産技術　　生産管理　　製造　　品質保証

工作

設備機械　　作業者　　コストセンター

■図表 5-5-3　一般管理・販売費比率■

$$一般管理・販売費比率＝\frac{年間の一般管理・販売費総額}{(設備費総額＋労務費総額＋職場共通費総額＋製造経費総額)}$$

■図表 5-5-4　利益率の求め方■

$$利益率＝\frac{利益額}{材料費を除く総費用}×100$$

5-6 加工費の求め方（3）

―加工費率には、企業の方針が含まれている―

　加工費率について、その内訳を解説します（**図表 5-6-1**）。

①設備費率

　設備機械および建物に関して発生する費用を単位時間あたりに換算した費用のことです。設備費率は、年間の生産数量が増減しても、費用が変化しない設備固定費率と、生産数量が増減すれば、費用も同様に増減する設備比例費率からなります。

　設備固定費率は、製品を生産するための設備機械と工場建屋などのスペースの費用になります。この設備固定費率は、一度投入すれば使用する、しないにかかわらず、長期にわたって発生する費用です。

　設備比例費率は、製品を生産するために使用する設備機械の稼働状況に比例して発生する費用で、設備機械の電力費率や燃料費率など、動力に関する費用が中心になります。

②労務費率

　製造現場の作業者に関して発生する費用を単位時間あたりに換算した費用のことです。

　製造現場に携わる作業者の費用が対象になります。製品を作るために直接作業をする作業者の労務費と、その作業者を支援する班長や職長、段取り作業者などの間接作業者の労務費からなります。

③職場共通費率

　エアーコンプレッサや変電設備など、多くの設備機械で共通で使用する設備共通費率と、食堂や会議室など作業者のために共通して発生する労務共通費率からなります。

④製造経費比率（配賦費比率）

　製造現場の生産性を向上するためのサービス、支援を行う部門で発生する人の費用や設備機械の費用のことです。生産技術、生産管理、品質管理部門の支援などがここに含まれます。

■図表 5-6-1　加工費率の構成要素■

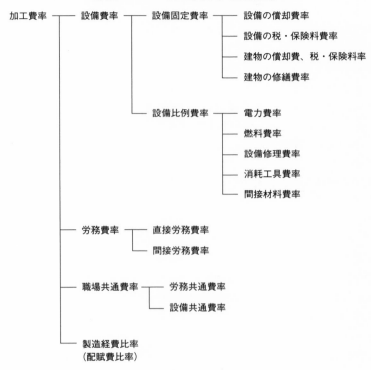

加工費の求め方（4）

―所要時間は、実績時間ではない―

　所要時間は、工数や加工時間、作業時間、人工（にんく）など、企業によって様々な言葉が用いられています。自社で使っている用語に置き換えて読んで下さい。

　それでは、所要時間について考えてみましょう。

　所要時間とは、ある品目を1個作るために必要とする時間のことで、標準時間を主体に考えます。過去、実際にその品目を作った結果、「これだけの時間がかかった」という実績時間ではありません。なぜならば、実績時間はその都度変わるものですし、その原因も様々あるからです。このため、実績時間を用いるとその妥当性に疑問が生じます。

　所要時間の構成要素を、**図表 5-7-1** に示します。

　前述したように、所要時間の中核は標準時間になります。この標準時間は、製品や部品を作る上で、作業の標準となる条件が満たされたときに、期待される時間のことです。

　標準時間は、標準の作業時間と段取り時間からなります。そして、標準の作業時間は、標準時間のことで、実際に作業をする時間（正味加工時間あるいは正味作業時間）と作業についてのユトリ時間（一般余裕時間）から構成されています。

　労働効率は、工程や設備機械などの生産性を表す指数です。この効率への影響を与える因子として、作業者に起因する作業能率と、管理のまずさに起因する手持ち時間や、間接作業をしている時間などのロスを考慮する有効実働率があります。

　最後に割増係数があります。この割増係数は、特定の作業編成を行った場合などに使用する係数です。具体的には、作業ラインによる流れ作業の場合や、作業者が複数台の機械を掛持ちしている場合など、標準時間に含めるロス分を数値化にしたものです。

■図表 5-7-1　所要時間の体系■

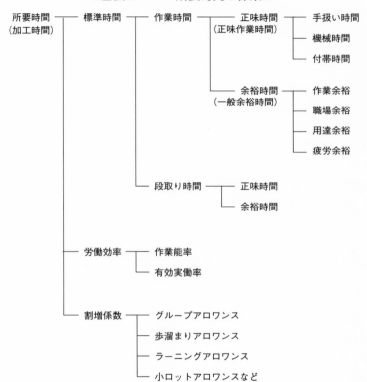

加工費の求め方（5）

―標準時間は、時間測定をしたデータではない―

標準時間の説明をすると、多くの方が当たり前のことであると理解されるのですが、実際の「標準時間の設定」を見ると単に時間測定をして終わっているケースを見かけます。それは、作業の手順や配置などの条件の確認をしっかりと行っていないことがあるためです。

標準時間についての定義を**図表 5-8-1** に示します。

①決められた作業方法および設備機械を用いて

対象とする製品や部品に要求される品質や形状からみて、最も経済的な所要時間となる作業方法や設備機械を設定するということです。

②決められた作業条件および作業環境のもとで

作業条件や作業環境は、直接、標準時間に影響を与える要因です。例えば、使用する設備機械の回転数やストローク数、送り量などの最も経済的な状態、作業者の設備機械や治工具の扱い方、作業の動作順序などの設定のことです。

③その仕事を十分に遂行できる熟練度を持った作業者が

その企業で、職種ごとに決められている職務評価基準に基づいて、決められた作業方法を遂行できる一人前の作業者ということです。

④期待される作業の速さで

設備機械や作業方法、作業条件、作業者が決まっても、作業に要する時間は一定になりません。そのため、作業のスピードが大きなポイントになります。期待される速さとは、その作業に求められる速さのことです。

⑤ある一定の質および量を遂行するために要する時間のこと

製品や部品を一単位（1 個、1 kg、1 m² など）製作するために必要とされる時間のことです。

標準時間は、見積を進めるためには必須であるとともに、原価統制（コストコントロール）による差額解析、コストダウンの着眼点や改善のために重要な役割を持っています。

最後に所要時間を求めるための計算式を紹介します。多くの会社で把握するために苦労しているのが、この所要時間です（**図表 5-8-2**）。

■図表 5-8-1　標準時間の定義■

決められた作業方法および設備機械を用いて

決められた作業条件および作業環境のもとで

その仕事を十分に遂行できる熟練度を持った作業者が

期待される作業の速さで

ある一定の質および量を遂行するために要する時間のこと

■図表 5-8-2　所要時間（加工時間）の求め方■

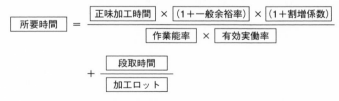

$$所要時間 = \frac{正味加工時間 \times (1+一般余裕率) \times (1+割増係数)}{作業能率 \times 有効実働率} + \frac{段取時間}{加工ロット}$$

（各項目の解説は5-7項を参照して下さい）

スピード見積もり法（1）

―プロトタイプに対するスピード見積もり法―

　一般にコスト見積もりは、図面・仕様書があり、そこから詳細の条件を抽出して算出することになっています。この図面・仕様書のある場合には、図面・仕様書の形状や寸法、公差などの詳細をもとに算出できます。これは、入力項目が多くなるため、見積もりの処理速度（スピード）は遅くなることになります。その一方で、見積もりの算出金額の精度は高くなります。

　これに対して、開発・設計業務では、形状や寸法、公差などの詳細を作り上げていくわけですから、かたちがありません。多くの設計者は、過去の類似品を参考に原価の予測をしているわけです（**図表5-9-1**）。このため、バラツキが小さく精度の高い見積もりを進めるために、プロトタイプを設定することを提案しました。

　プロトタイプは、部品の場合がもっともわかりやすく、形状や精度など一部のコスト変動要因を定数化した数値を用い、見積もりをするための情報（変数）を減らした方法です。

　この具体的な例として、鋳物製品があります。鋳物製品の場合、現在も製品重量にキログラム（kg）あたりの単価を乗じて算出しています。この他に射出成形品やダイカスト品は、1ショットあたりの単価と取り数で計算しています。

　これらの場合には、生産する工順や作業手順が決まっているため見積もりに用いられています。ただし、製品の大きさによって設備機械も大きくなることには注意が必要です。その範囲を区分しておけば、スピード見積もりができます（**図表5-9-2**）。

　さらに以前はエンジンや券売機でも、同様にキログラム（kg）あたりの単価を活用していました。これらは、類似した製品やモジュールの構造を持っており、加工の工程や手順、公差、表面粗さなどの条件が同じだからです。

　このような場合には、統計的な手法を用いて、精度の高いコスト見積もりの結果を入手することが可能になります。

■図表5-9-1　グループ化とコストの関係■

形状の分類

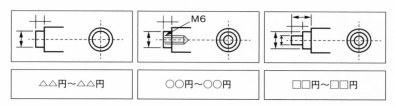

| △△円〜△△円 | ○○円〜○○円 | □□円〜□□円 |

■図表5-9-2　原単位あたり単価を用いるスピード見積もり■

シャフトの単価 ＝ シャフト重量 × ○○円

スピード見積もり法 (2)

—加工の種類に対するスピード見積もり法—

　ここでは、類似品ではない部品のスピード見積もり方法について紹介します。

　それは、コスト基準による見積もり結果を加工・編集して必要とする場面で、必要な精度を持ったコスト情報を迅速に入手できる方法です。

　まず、5-9 項で述べた、kg あたりの単価や面積あたりなどの原単位による方法です。ただ、5-9 項では、類似品が中心です。これに対してこれから紹介するのは汎用的に原価を算出できる方法です。

　一つは、切削する量に対して、加工時間を求める方法です（**図表 5-10-1**）。

　具体的には、加工について、単位時間あたりの切削量を設定します。加工する部品の切削する体積や重量などを単位時間あたりの切削量で除して求めます。これが、機械加工時間です。そして、加工費レートを乗じた金額と段取り費の合計で加工費を求めるのです。この見積もり方法は、モールド金型の見積もりなどで用いられています。

　さらに、もう一つのスピード見積もり法を示します。それは、加工形状ごとに見積もりを算出し、合計する方法です。

　加工形状は、いくつかの詳細工程を経ることがあります。たとえば、マシニングセンタでの穴加工では、もみつけ⇒穴あけ⇒面取りの3つの詳細工程（片側）となります。それらの作業の合計時間に、加工費レートを乗じると加工費になります。この費用を穴の大きさや深さで整理します（**図表 5-10-2**）。そして、時間や費用のバラツキの範囲を決めます。たとえば、穴径 4 mm の場合、穴深さが 14 mm までは一定の金額にすることです。これが、穴1個いくらを表します。

　設備機械のように部品点数は多いが、生産ロット数が1〜2個のみの見積もりで用いられています。

　さらに、金額のバラツキが大きい場合にも、裏付けがありますので、スピード見積もり法として有効に活用できます。ただし、ここでの注意点も、コスト基準による標準値を用いることです。

■図表 5-10-1　単位あたり切削量によるスピード見積もり■

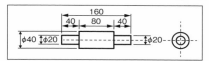

1分間あたり切削重量（グラム）

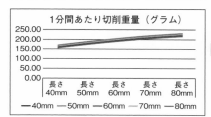

—40mm —50mm —60mm —70mm —80mm

素材から削りとる重量

機械時間 ＝ 切削重量 ÷ 1分間あたり切削重量
　　　　 ＝ 1,100g ÷ 186.2g/分
　　　　 ＝ 5.9分

■図表 5-10-2　詳細加工工程ごとのスピード見積もり■

マシニングセンタによる穴加工時間

(1)

穴深さ(mm)	穴 径(mm)					
	4	5	6	8	10	12
2	0.33	0.33	0.33	0.34	0.34	0.34
3						
4			0.34			0.35
5		0.34				
6	0.34				0.35	
7				0.35		0.36
8						
9			0.35		0.36	
10		0.35				
12	0.35		0.36	0.36		0.37
14		0.36			0.37	0.38
16	0.41		0.37	0.37		
18	0.42				0.38	0.39
20	0.48	0.43	0.38	0.38		
22				0.39	0.39	0.40
24	0.54		0.44			
26		0.50		0.40	0.40	0.41
28	0.61		0.45			0.42

条件：材質S45C　超硬ドリル

(2)

穴深さ(mm)	穴 径(mm)					
	4	5	6	8	10	12
2	0.33	0.33	0.33	0.34	0.34	0.34
3						
4			0.34			0.35
5		0.34				
6	0.34				0.35	
7				0.35		0.36
8						
9			0.35		0.36	
10		0.35				
12	0.35		0.36	0.36		0.37
14		0.36			0.37	0.38
16	0.41		0.37	0.37		
18	0.42				0.38	0.39
20	0.48	0.43	0.38	0.38		
22				0.39	0.39	0.40
24	0.54		0.44			
26		0.50		0.40	0.40	0.41
28	0.61		0.45			0.42

⇒ 一律でよい

（穴1個 ○○円）

5-11　コスト情報の情報共有化とひな形のメンテナンス
―運用面で忘れてはならないメンテナンス―

　コスト見積もりシステムも、会社の業務システムの一つです。

　業務システムは、社員が共有し、そのシステムを活用していくものです。しかし、この共有化がしっかりとできているとは言いがたい状況にあります。その代表例が、設計標準です。

　「設計者は、設計標準を見たことがあるでしょうか」という問いかけをすることがありますが、その回答は、あいまいなことが多いです。

　それは、設計標準が、見積もりコストと関連付けられていないということです。設計標準は、品質・納期・コストの3つの面を考慮して、効率的に製品の開発を進めるための道具です。また、製品の品質や性能を均一化できるメリットを持っています。そして、目標原価を達成するために設計標準と見積もりコストの関係を明らかにできるシステムを考えるべきです（**図表 5-11-1**）。

　そしてもう一つ、見積もりのためのコスト基準データのメンテナンスをするしくみが整っていないことも多いです。コスト見積もりシステムを持っているが、使っていないという会社が見受けられます。

　これらの会社では、情報の共有化について、「役立つ資料があることは知っている」ものの、ただそれだけで活用しようと思っていないのです。その一方で、「コストダウンを推進しましょう」と言うわけです。

　見積もりシステムを作るときには、多くの時間と費用をかけて開発しています。しかし、その費用を無駄にしていることに気づかないでいるわけです。このようなことの無いように注意しなければなりません。

　そのためには、コストについての啓蒙と見積もりのできる社員を育成することが重要です。見積もりシステムを運用するには、そのメンテナンスを行わなければなりません。そして、そのメンテナンスができる人材が必要であるということです。

■図表 5-11-1　設計標準とコストの関連付け■

加工条件				面粗	幾何公差			原価
φD		L		Ry	真円度	円筒度	真直度	加工費 kgあたり
寸　法	公差	寸　法						
1≦D≦3	h8	L≦3D		3.2	0.005	0.005	0.005	Y＝ax＋b
3<D≦10		L≦5D			0.01	0.01	0.01	
10<D≦50								x:正味重量
50<D≦100								a:kgあたり
100<D≦200		L≦3D		6.3	0.015	0.02	0.02	費用
200<D≦400					0.03	0.04	0.04	b:固定費用

フィードバック

・設備機械の性能向上
・技術の革新
・設備機械の購入価格の変動
・人件費の上昇
・市場の需給動向　　　など

設計でのコスト見積もり業務のまとめ
―原価は身近にあるが、注意しないと知ることができない―

　製品の開発を行う設計業務では、顧客要求を満たすかたちのある製品を作ります。そして、そのかたちは、図面・仕様書になるわけです。

　このかたちのある製品を作るために原価は重要な要素です。このかたちの無いところからかたち作るときの見積もりは、プロトタイプ（ひな形）を用いることが必須なのです。

　このプロトタイプの条件と顧客要求を比較し、機能の追加や削除を行って、製品化するのです。

　この方法を実践している製品としてパソコンがあります。パソコンを購入するとき、PC本体の大きさやCPUの性能などから基本部分を決めて、HDDは何TBにする、光学ドライブはブルーレイに、モニターは何インチというように選択していきます。

　この結果、顧客は、欲しいパソコンを入手することができるのです。また、顧客も自分の持っている予算をオーバーしないようにHDDの容量変更など選択を進めるわけです。

　この関係を製品開発に置き換えて考えます。すると、本体にHDD1TB、光学ドライブなしなどがプロトタイプになり、その販売価格が設定されています。

　そして、顧客が、HDD2TBの容量や光学ドライブでブルーレイを選択します。これが顧客要求を加えることです。これで、その製品の売価が示されます。

　最後にそれらを合計すると購入価格になるわけです。

　製品の目標原価も、この関係を活用して設定することです。ただし、このようなコスト設定ができるのは、PC本体やHDDなどが標準化・共通化できていることが必要です。もし、標準化・共通化ができない場合には、個々の部品からコストを算出することが必要になります。つまり、標準化・共通化が進めば、それだけ正確なコストを算出できることになるのです（**図表5-12-1**）。

■図表 5-12-1　モジュールとコスト■

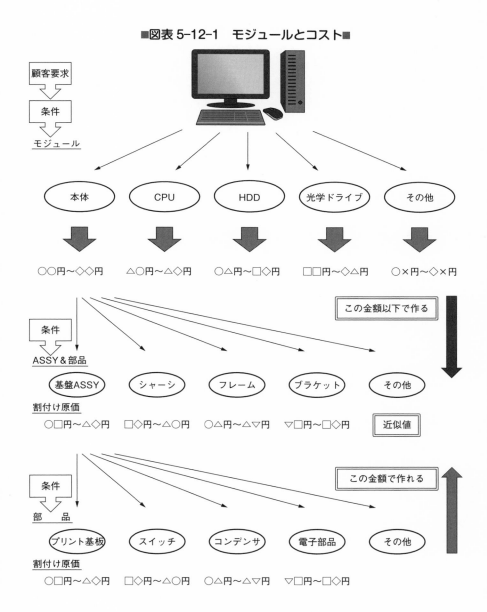

参考文献

「コスト見積もり力養成講座」　　　　間舘正義著　日刊工業新聞社
「標準コスト算定技術マニュアル」　　与那覇三男著　日本コストエンジニアリング
「標準コストテーブル便覧」　　　　　与那覇三男著　日本コストエンジニアリング
「現代からくり新書―工作機械の巻（NC旋盤編）」
　　　　　　　　　　　　　　　　　日刊工業新聞社
「現代からくり新書―工作機械の巻（マシニングセンタ編）」
　　　　　　　　　　　　　　　　　日刊工業新聞社

索　引

さ 行

た 行

──────── 著者紹介 ────────

間舘　正義（まだて　まさよし）

1957年生まれ。産業能率短期大学卒業。日東工器㈱、関東精工㈱などで生産、営業などの実務経験を経て、1998年日本コストプランニング株式会社を設立。

経営コンサルタントとして、製品のコストを切り口にコストダウンを指導する。加工について、膨大なデータをソフト化した見積ソフトを開発し、指導に活用している。また、企業の新製品開発プロジェクトの体制作りや管理も行っている。

著書：「図解　原価管理」、「これならできる！経営分析」、「業務別に見直すコストダウンの進め方」、「原価管理入門スクール（通信教育）」、「設計者のためのコスト見積もり力養成講座」ほか。

製造業のための
目標原価達成に必要なコスト見積もり術　　　　**NDC 500**

2020 年 4 月 16 日　初版 1 刷発行　　（定価は, カバーに表示してあります）

© 著　　者　　間　舘　正　義
　　発 行 者　　井　水　治　博
　　発 行 所　　日 刊 工 業 新 聞 社
　〒 103-8548　東京都中央区日本橋小網町 14-1
　　　　　　　　電話　編集部　03（5644）7490
　　　　　　　　　　　販売部　03（5644）7410
　　　　　　　　　　　F A X　03（5644）7400
　　　　　　　　振替口座　　　00190-2-186076
　　　　　　　　URL　https://pub.nikkan.co.jp/
　　　　　　　　e-mail　info@media.nikkan.co.jp

印刷・製本　美研プリンティング㈱

2020 Printed in Japan　　落丁・乱丁本はお取り替えいたします.
　　　　　　　　　　　　ISBN 978-4-526-08053-1

設計者のための
コスト見積もり力
養成講座

間舘正義　著
定価（本体 2,200 円＋税）
ISBN 978-4-526-07820-0

本書は、設計業務を進めていくうえで必要になるコストを見積もるための知識とコストダウンのための着眼点を提供するコストダウン設計の入門書。基本的な算出方法を学ぶとともに、加工種別ごとの具体的な事例図面を見ながらその着眼点を指摘し、安く作るための設計ノウハウと併せて学べる。

機能セル設計
"魅力あるモノ"の開発設計を
10倍効率化

梓澤 昇 著

定価（本体 2,300 円＋税）　　　ISBN 978-4-526-07878-1

新製品を開発する目的は、人々が欲しがる「新しい機能」を実現すること。そこで本書は、"機能で設計"するということをテーマに、その基礎から、機能を要素に分解してセル化し、設計情報として蓄積、機能セルとして活用、設計のスピードを10倍に上げる方法までを解説する。

製品開発は
"機能"にばらして考えろ
設計者が頭を抱える
「7つの設計問題」解決法

オリンパス（株）ECM 推進部　監修
緒方隆司　著

定価（本体 2,200 円＋税）　　　ISBN 978-4-526-07661-9

本書は、主に若手設計者を対象にした開発効率向上の指南書。開発テーマの探索、開発課題の設定、コストダウン、実験評価の効率化、リスク回避、不具合原因究明、他社特許対策など、設計・開発者が頭を悩ます7つのテーマごとにその解決方法を示していく。

生産技術革新による
コストダウン戦略の強化書
原価企画段階から財務レベルも
含めたトータルコストを管理せよ

吉川武文　著

定価　（本体 2,400 円＋税）　　　ISBN 978-4-526-07438-7

生産革新プロジェクトをストーリー形式で追いかけ、「労務費」だけではなく「材料費」にも気を配り、「作り方」だけではなく「買い方」「運び方」「運転資金の管理」などにおいても精緻な戦略を練り、「工場」だけではなく「間接部門」の管理活動や企画活動の生産性を向上させることで製造業の競争力の根源を改革する方法を学ぶ。